· What is Life ·

我的朋友，

生活中什么看起来至关重要？

无论它带来了沉重的压抑，

还是快乐和欣喜。

行动，思想和愿望，

相信我，没有任何意义比得上

在我们所设计的实验中

一个指针的波动。

看穿了自然：也无非只是分子的碰撞，

光疯狂的颤动也不能让你明白基本定律，

更不是你的快乐和战栗让生活有了意义。

世界之灵，如果

可能来自千次的实验，

最终得出了如下结果——

这真是我们所做的吗？

——薛定谔诗选

科学元典丛书 · 学生版

The Series of the Great Classics in Science

主　　编　任定成

执行主编　周雁翎

策　　划　周雁翎

丛书主持　陈　静　张亚如

科学元典是科学史和人类文明史上划时代的丰碑，是人类文化的优秀遗产，是历经时间考验的不朽之作。它们不仅是伟大的科学创造的结晶，而且是科学精神、科学思想和科学方法的载体，具有永恒的意义和价值。

科学元典丛书·学生版

生命是什么

·学生版·

（附阅读指导、数字课程、思考题、阅读笔记）

［奥地利］薛定谔 著　周程 胡万亨 译

图书在版编目(CIP)数据

生命是什么：学生版/（奥）薛定谔著；周程，胡万亨译.—北京：北京大学出版社，2021.4

（科学元典丛书）

ISBN 978-7-301-31945-1

Ⅰ. ①生… Ⅱ. ①薛…②周…③胡… Ⅲ. ①生命科学－青少年读物 Ⅳ. ①Q1-0

中国版本图书馆 CIP 数据核字（2021）第 003080 号

书　　名	生命是什么（学生版） SHENGMING SHI SHENME (XUESHENG BAN)
著作责任者	[奥地利] 薛定谔 著　周程　胡万亨 译
丛书主持	陈　静　张亚如
责任编辑	唐知涵
标准书号	ISBN 978-7-301-31945-1
出版发行	北京大学出版社
地　　址	北京市海淀区成府路 205 号　100871
网　　址	http://www.pup.cn　　新浪微博：@北京大学出版社
微信公众号	通识书苑（微信号：sartspku） 科学元典（微信号：kexueyuandian）
电子邮箱	编辑部 jyzx@pup.cn　　总编室 zpup@pup.cn
电　　话	邮购部 010-62752015　　发行部 010-62750672 编辑部 010-62707542
印 刷 者	北京中科印刷有限公司
经 销 者	新华书店 787 毫米×1092 毫米　32 开本　7.5 印张　124 千字 2021 年 4 月第 1 版　2024 年 4 月第 2 次印刷
定　　价	38.00 元

弁　言

Preface to the Series of the Great Classics in Science

任定成

中国科学院大学　教授

一

改革开放以来，我国人民生活质量的提高和生活方式的变化，使我们深切感受到技术进步的广泛和迅速。在这种强烈感受背后，是科技产出指标的快速增长。数据显示，我国的技术进步幅度、制造业体系的完整程度，专利数、论文数、论文被引次数，等等，都已经排在世界前列。但是，在一些核心关键技术的研发和战略性产品的生产方面，我国还比较落后。这说明，我国的技术进步赖以依靠的基础研究，亟待加强。为此，我国政府和科技界、教育界以及企业界，都在不断大声疾呼，要加强基础研究、加强基础教育！

那么，科学与技术是什么样的关系呢？不言而喻，科学是根，技术是叶。只有根深，才能叶茂。科学的目标是发现新现象、新物质、新规律和新原理，深化人类对世界的认识，为新技术的出现提供依据。技术的目标是利用科学原理，创造自然界原本没有的东西，直接为人类生产和生活服务。由此，科学和技术的分工就引出一个问题：如果我们充分利用他国的科学成果，把自己的精力都放在技术发明和创新上，岂不是更加省力？答案是否定的。这条路之所以行不通，就是因为现代技术特别是高新技术，都建立在最新的科学研究成果基础之上。试想一下，如果没有训练有素的量子力学基础研究队伍，哪里会有量子技术的突破呢？

那么，科学发现和技术发明，跟大学生、中学生和小学生又有什么关系呢？大有关系！在我们的教育体系中，技术教育主要包括工科、农科、医科，基础科学教育主要是指理科。如果我们将来从事科学研究，毫无疑问现在就要打好理科基础。如果我们将来是以工、农、医为业，现在打好理科基础，将来就更具创新能力、发展潜力和职业竞争力。如果我们将来做管理、服务、文学艺术等看似与科学技术无直接关系的工作，现在打好理科基础，就会有助于深入理解这个快速变化、高度技术化的社会。

我们现在要建设世界科技强国。科技强国"强"在哪里？不是"强"在跟随别人开辟的方向，或者在别人奠定的基础上，做一些模仿性的和延伸性的工作，并以此跟别人比指标、拼数量，而是要源源不断地贡献出影响人类文明进程的原创性成果。这是用任何现行的指标，包括诺贝尔奖项，都无法衡量的，需要培养一代又一代具有良好科学素养的公民来实现。

二

我国的高等教育已经进入普及化阶段，教育部门又在扩大专业硕士研究生的招生数量。按照这个趋势，对于高中和本科院校来说,大学生和硕士研究生的录取率将不再是显示办学水平的指标。可以预期,在不久的将来,大学、中学和小学的教育将进入内涵发展阶段,科学教育将更加重视提升国民素质,促进社会文明程度的提高。

公民的科学素养,是一个国家或者地区的公民,依据基本的科学原理和科学思想,进行理性思考并处理问题的能力。这种能力反映在公民的思维方式和行为方式上,而不是通过统计几十道测试题的答对率,或者统计全国统考成绩能够表征的。一些人可能在科学素养测评卷上答对全部问题,但经常求助装神弄鬼的“大师”和各种迷信,能说他们的科学素养高吗?

曾经,我们引进美国测评框架调查我国公民科学素养,推动“奥数”提高数学思维能力,参加“国际学生评估项目”(Programme for International Student Assessment,简称 PISA)测试,去争取科学素养排行榜的前列,这些做法在某些方面和某些局部的确起过积极作用,但是没有迹象表明,它们对提高全民科学素养发挥了大作用。题海战术,曾经是许多学校、教师和学生的制胜法宝,但是这个战术只适用于衡量封闭式考试效果,很难说是提升公民科学素养的有效手段。

为了改进我们的基础科学教育,破除题海战术的魔咒,我们也积极努力引进外国的教育思想、教学内容和教学方法。为了激励学生的好奇心和学习主动性,初等教育中加强了趣味性和游戏手段,但受到“用游戏和手工代替科学”的诟病。在中小学普遍推广的所谓“探究式教学”,其科学观基础,是 20 世纪五六十年代流行的波普尔证伪主义,它把科学探究当成了一套固定的模式,实际上以另一种方式妨碍了探究精神的培养。近些年比较热闹的 STEAM 教学,希望把科学、技术、工程、艺术、数学融为一体,其愿望固然很美好,但科学课程并不是什么内容都可以糅到一起的。

在学习了很多、见识了很多、尝试了很多丰富多彩、眼花缭乱的“新事物”之后,我们还是应当保持定力,重新认识并倚重我们优良的教育传统:引导学生多读书,好读书,读好书,包括科学之书。这是一种基本的、行之有效的、永不过时的教育方式。在当今互联网时代,面对推送给我们的太多碎片化、娱乐性、不严谨、无深度的瞬时知识,我们尤其要静下心来,系统阅读,深入思考。我们相信,通过持之以恒的熟读与精思,一定能让读书人不读书的现象从年轻一代中消失。

三

科学书籍主要有三种:理科教科书、科普作品和科学经典著作。

教育中最重要的书籍就是教科书。有的人一辈子对科学的了解,都超不过中小学教材中的东西。有的人虽然没有认真读过理科教材,只是靠听课和写作业完成理科学习,但是这些课的内容是老师对教材的解读,作业是训练学生把握教材内容的最有效手段。好的学生,要学会自己阅读钻研教材,举一反三来提高科学素养,而不是靠又苦又累的题海战术来学习理科课程。

理科教科书是浓缩结晶状态的科学,呈现的是科学的结果,隐去了科学发现的过程、科学发展中的颠覆性变化、科学大师活生生的思想,给人枯燥乏味的感觉。能够弥补理科教科书欠缺的,首先就是科普作品。

学生可以根据兴趣自主选择科普作品。科普作品要赢得读者，内容上靠的是有别于教材的新材料、新知识、新故事；形式上靠的是趣味性和可读性。很少听说某种理科教科书给人留下特别深刻的印象，倒是一些优秀的科普作品往往影响人的一生。不少科学家、工程技术人员，甚至有些人文社会科学学者和政府官员，都有过这样的经历。

当然，为了通俗易懂，有些科普作品的表述不够严谨。在讲述科学史故事的时候，科普作品的作者可能会按照当代科学的呈现形式，比附甚至代替不同文化中的认识，比如把中国古代算学中算法形式的勾股关系，说成是古希腊和现代数学中公理化形式的“勾股定理”。除此之外，科学史故事有时候会带着作者的意识形态倾向，受到作者的政治、民族、派别利益等方面的影响，以扭曲的形式出现。

科普作品最大的局限，与教科书一样，其内容都是被作者咀嚼过的精神食品，就失去了科学原本的味道。

原汁原味的科学都蕴含在科学经典著作中。科学经典著作是对某个领域成果的系统阐述，其中，经过长时间历史检验，被公认为是科学领域的奠基之作、划时代里程碑、为人类文明做出巨大贡献者，被称为科学元典。科学元典是最重要的科学经典，是人类历史上最杰出的科学家撰写的，反映其独一无二的科学成就、科学思想和科学方法的作品，值得后人一代接一代反复品味、常读常新。

科学元典不像科普作品那样通俗，不像教材那样直截了当，但是，只要我们理解了作者的时代背景，熟悉了作者的话语体系和语境，就能领会其中的精髓。历史上一些重要科学家、政治家、企业家、人文社会学家，都有通过研读科学元典而从中受益者。在当今科技发展日新月异的时代，孩子们更需要这种科学文明的乳汁来滋养。

现在，呈现在大家眼前的这套"科学元典丛书"，是专为青少年学生打造的融媒体丛书。每种书都选取了原著中的精华篇章，增加了名家阅读指导，书后还附有延伸阅读书目、思考题和阅读笔记。特别值得一提的是，用手机扫描书中的二维码，还可以收听相关音频课程。这套丛书为学习繁忙的青少年学生顺利阅读和理解科学元典，提供了很好的入门途径。

四

据 2020 年 11 月 7 日出版的医学刊物《柳叶刀》第 396 卷第 10261 期报道，过去 35 年里，19 岁中国人平均身高男性增加 8 厘米、女性增加 6 厘米，增幅在 200 个国家和地区中分别位列第一和第三。这与中国人近 35 年营养状况大大改善不无关系。

一位中国企业家说，让穷孩子每天能吃上二两肉，也许比修些大房子强。他的意思，是在强调为孩子提供好的物质营养来提升身体素养的重要性。其实，选择教育内容也是一样的道理，给孩子提供高营养价值的精神食粮，对提升孩子的综合素养特别是科学素养十分重要。

理科教材就如谷物，主要为我们的科学素养提供足够的糖类。科普作品好比蔬菜、水果和坚果，主要为我们的科学素养提供维生素、微量元素和矿物质。科学元典则是科学素养中的“肉类”，主要为我们的科学素养提供蛋白质和脂肪。只有营养均衡的身体,才是健康的身体。因此,理科教材、科普作品和科学元典,三者缺一不可。

长期以来,我国的大学、中学和小学理科教育,不缺“谷物”和“蔬菜瓜果”,缺的是富含脂肪和蛋白质的“肉类”。现在,到了需要补充“脂肪和蛋白质”的时候了。让我们引导青少年摒弃浮躁,潜下心来,从容地阅读和思考,将科学元典中蕴含的科学知识、科学思想、科学方法和科学精神融会贯通,养成科学的思维习惯和行为方式,从根本上提高科学素养。

我们坚信,改进我们的基础科学教育,引导学生熟读精思三类科学书籍,一定有助于培养科技强国的一代新人。

2020年11月30日

北京玉泉路

目　　录

下篇　学习资源

上　篇

阅读指导

Guide Readings

薛定谔的青少年时代

开创生物学革命的新时代

基因概念的历史

对基因性质的物理学分析

《生命是什么》的影响

薛定谔的青少年时代

胡新和

中国科学院大学 教授

薛定谔(Erwin Schrödinger)1887 年 8 月 12 日出生于奥地利首都维也纳的一个手工业主家庭。他的父亲具有良好的文化修养,受过相当广泛的教育,起先在维也纳工业学院学习化学,后来醉心于意大利绘画的欣赏、研究和创作,此后又转向植物学研究,并发表过一系列文章。

薛定谔的母亲出身书香门第,和蔼慈爱,性情快乐,温文尔雅。薛定谔的外祖母是英国人,这使他从小就开始接触和学习英语,以至于长大后应用英语的流利程度几乎和母语——德语一样,对他日后的研究、生活和交流研究成果具有非常重要的作用。

然而,在薛定谔的早期教育中,具有决定性的影响还是来自他父亲。薛定谔几乎没有上过小学,在11岁以前,父亲总是每周两次把家庭教师请到家中给他上课。父亲常常陪着薛定谔玩耍嬉戏,注意在满足孩子的好奇心中开启智力资源,培养孩子对大自然的广泛兴趣。父亲耐心地在对话中诱导,在游戏中启发,与小薛定谔一起分享活泼有趣的精神生活,为小薛定谔的思想品格发展付出了无限爱心。薛定谔在获诺贝尔奖的致辞中回忆说:"他(父亲)是一个朋友,是一位老师,也是一名不知疲倦的谈话讨论的伙伴;他是一座陈列所有吸引我、令我着迷的事物的殿堂。"

父亲对于薛定谔的关心和支持即使在薛定谔成年后仍一如既往。有这样一个例子,第一次世界大战结束后,经济萧条,百废待兴,大学教师的薪俸很低。当时,薛定谔正准备结婚,他担心收入难以维持家庭生活费用,于是就问父亲:"是否让我也来参与你的生意?"风烛之年的父亲断然拒绝:"不,我亲爱的孩子,你不应该干这个,我不希望你从事这种营生。你要留在大学里继续你的学术生涯。”虽然这之后不到一年父亲就告别人世，没能亲眼见到儿子在学术上的辉煌时刻，但正是这种对儿子的真正的爱，这种对于科学和文明的追求，这种普通人罕有的远见卓识，使薛定谔得以全身心投入科学事业。

薛定谔在父母的精心培养下，度过了无忧无虑的童年时代，健康成长起来。1898 年，在 11 岁时，他进入了维也纳高等专科学校所属预科学校，相当于现在大学的附属中学。这种预科学校按照传统，强调人文学科的教育，特别是拉丁文、希腊文等古典语言的教学，同时也开设了优质的数理课程。薛定谔的天赋和学习能力在学校里很快表现出来。他曾这样总结自己的中学时代："我是一个好学生。我并不注重主课，却喜欢数学和物理，但也同样喜欢古老语法严谨的逻辑。我讨厌的只是死记硬背那些偶然的历史事件和人物传记中的年代等各种数据。”他说：“我喜欢德国的诗人和作家，尤其是剧作家，但是嫌恶对他们的作品做学究式的烦琐分解与考证。”

他的中学同学海德纳在回忆起他们的中学时代时，

说薛定谔当时在学校里总是名列前茅,特别给他留下深刻印象的是:

“我不记得有任何一次我们中的这位佼佼者回答不了老师的课堂提问。我们都知道他确实在课堂上就掌握了老师讲授的全部知识,他绝不是那种花上大量课余时间闷头苦学的人……特别是在物理学和数学中,薛定谔有一种理解才能,他能够迅速甚至是立刻抓住老师讲解的关键,并马上完成老师布置的习题,不用等到回家去进一步求解。在三年级的最后,教我们这两门课的纽曼教授常常会在讲完当天的课程后,把薛定谔叫到黑板前,给他出一些问题,而薛定谔解答这些问题就跟玩儿似的轻松……确实,薛定谔总是把下午的富余时间用于学习他欢喜的其他课程,而不必去刻苦地抠那些课上学的内容。他花了大量时间去学习英语,而英语和法语在当时奥地利的预科学校里是不教的。此外,他还热衷于体育活动,花大量的时间参加许多运动,特别热衷于徒步旅行和登山运动。”

中学时代的薛定谔,常表现出其非凡的敏捷和沉着镇定。海德纳说,有一次,已经是毕业班学生的薛定谔在课堂上偷偷地看别的课程内容，"突然哈伯尔教授问他一个关于古希腊历史的问题，像闪电一样，薛定谔很快让自己的思绪回到课堂上，从容而正确地回答了这个提问"。

然而，薛定谔对于数学和物理的喜爱并不是偏爱，他并不排斥其他课程的学习。他兴趣广泛，特别爱好文学，这使他对学校里开设的希腊语和拉丁语课程也非常喜欢，并由此得以接触灿烂的古希腊文学、文化，特别是哲学。他对于古希腊哲学的强烈兴趣，最早至少可以从一本题为"希腊研究备忘录"的毕业笔记本中窥其一斑，在上面他简要记叙了希腊哲学从米利都的泰利斯到柏拉图的发展。这种兴趣在他的一生中不时地萦绕在他的心中，吸引他不断探讨古希腊哲学与欧洲科学的起源之间的内在关系。例如，当 1948 年 5 月他在伦敦国王学院作希尔曼系列演讲时，致力于证明希腊哲学传统在现代科学，包括在相对论和原子理论中的延续。他在开场白中解释自己追溯古希腊思想的动机时说："对古希腊思想家的叙述和对他们观点的评论，并非出自自己近年来的嗜好，从（理论物理学的）专业角度看也不是一种茶余饭后的闲暇中的消磨时光,而是希冀这有助于理解现代科学、特别是现代物理学。”

薛定谔课余时间兴趣广泛,多才多艺。除了参加体育活动外,他最突出的是对艺术、文学和语言的爱好。他对绘画具有超凡的鉴赏力,并且亲自动手创作雕塑作品;他醉心于戏剧,看戏入迷,瘾头极大,是城市剧院的常客和忠实观众。在他保留的剪贴簿上,藏有他所看过的所有演出节目单,并对演员的表演做了认真的评论。

薛定谔的另一个爱好是诗歌,他不但阅读欣赏德语作家,如席勒、海涅等人的诗作,而且阅读欣赏不同语言和不同时代的诗歌。实际上,对诗歌的爱好,伴随了他的一生。在紧张的学习和工作的间歇,他会把古希腊诗人荷马的史诗译成英文,或者把法国古代普罗旺斯语的诗歌译成现代德语,从中获得精神上的享受和满足,并让大脑得到休息。正如著名物理学家玻恩后来所说,要对薛定谔的广博知识和充沛的创造力加以概括是很困难的,“他熟悉人类思想和实践的许多领域,他广博的知识像他敏锐的思想和创造力一样惊人”。“我没有能力描绘这位具有多方面才能的杰出人物的形象。他所涉足的许多领域我所知甚少——特别是在文学和诗歌方面”。

最能代表薛定谔在文学、艺术方面的修养和创造性的，是后来(1949年)他出版的一本诗集，其中编入了他用德文和英文创作的诗歌。这些诗与当时德语诗坛的风格既有相似之处，但又别具一格。我们或许可以从下面这首诗中领略薛定谔的诗才于一斑：

葡萄饱含着汁液鲜美而香甜，
在那山前，它现出目光深沉的容颜。
太阳在八月蔚蓝色的天空里，
发热、燃烧着，让冷飕飕的山风消散。
紫色的果实把红日引到身边：
请尝一尝串串的果儿馈赠的香甜。
汁液沿太阳的血管缓缓流动，
它蕴藏着给你和他人的欢乐无限。
啊！已临近岁暮，那成熟之年，
夜晚降临了，带来的是凛冽严寒。
云儿在高空飘浮，在那日出之前，
寒霜覆盖着网一般别致的蔓藤。

无论如何,在近现代科学史上,著名科学家兼具诗人气质,这本身就是十分独特而罕见的。伟大的科学家和伟大的诗人,他们在创作的冲动上是一样的。

与爱因斯坦不同,薛定谔从小就极善于演讲。薛定谔对陈述自己的思想倾注了大量的精力,言辞中洋溢着艺术天赋;他以自己的明晰、智慧和深入浅出的讲解使听众折服,即使是外行也不难理解他所表述的问题。薛定谔的演讲才能,在他成名之后更被发挥得淋漓尽致。他的演讲主题不仅涉及科学,也涉及文学、历史、哲学、艺术、道德、宗教、语言等方面,充分体现了他广博的知识、宽阔的视野和深刻的理性思辨。在演讲中,薛定谔常常旁征博引,能根据听众的不同而熟练地采用德、英、法、西班牙四种语言;当然,他的希腊文和拉丁文也不在话下。

但是,有趣的是,与对戏剧、诗歌和语言等的爱好和才能比,薛定谔对维也纳文化生活中的另一传统——音乐却兴趣不大。他出席音乐会,但并不着迷。他的夫人解释说:“他能告诉你这音乐好听还是不好听,但不迷恋于此。”

1906年，薛定谔以优异的成绩通过毕业考试，进入维也纳大学，主修物理和数学。

维也纳大学是一所历史悠久的高等学府，在薛定谔所处的时代，这所大学的师生享有很大自由，教学采用讨论方法，广开选修科目，自然科学、社会科学、人文学科有了很大发展。以物理学为例，自1850年之后，在维也纳大学任教的具有国际声誉的奥地利物理学家中，就有发现了著名的多普勒效应的多普勒，在数学和物理学领域同时都做出重要贡献的冯·爱丁豪森，提出了热辐射定律的斯忒藩，在实验物理学、生理学和科学认识论上都有巨大贡献的马赫，统计物理学奠基人之一的玻尔兹曼，以及后来成为薛定谔老师的理论物理学家哈泽内尔和实验物理学家埃克斯纳等。如此雄厚的师资，浓郁的学术气氛，丰富的藏书，悠久的传统，为新生们提供了优越的环境、充分的知识和成长发展的广阔空间。

薛定谔在入学时，主修物理学和数学，辅修化学和天文学，没有追随他父亲对于化学和生物学的爱好。这首先是由于在预科学校时以人文课程为主，理科课程很少。薛定谔基本没有接触过化学和生物学领域，而在物理和数学的学习中他已显露出天赋和才华,培养起了兴趣爱好,也增强了信心。另外,他对古老语法中严谨逻辑的喜爱,表现出他的逻辑思维能力,而对古希腊哲学的兴趣则触及一些深刻的哲学问题,这些无疑都更适宜于学习物理学和数学。

当薛定谔进入维也纳大学时,正逢玻尔兹曼逝世,整个校园沉浸在一片悲哀的气氛中。这位当时奥地利最杰出的理论物理学家,奠定了统计物理学的基础,也奠定了维也纳大学特殊的物理学传统。

斯人虽去,风范犹存。玻尔兹曼对学生要求严格,但从不以权威自居。他鼓励学生充分讨论并确定研究课题的教学方法,独树一帜,深受欢迎。他精心培养了一批像厄尔费斯脱、哈泽内尔、埃克斯纳和后来发现了核裂变的L.迈特纳这样优秀的学生。他所奠定的科学传统,通过他的学生,极大地影响了薛定谔的工作和思想。薛定谔曾深情地说:“玻尔兹曼的思想路线可以称为我在科学上的第一次热恋,没有别的东西曾使我如此狂喜,也不会再有什么能使我这样。”

薛定谔如饥似渴般地开始了大学学习,一头扎进了课程堆里,扎进了他所喜爱的数理知识的海洋。从他的笔记本看,仅数学课程,他所学习的就有微积分、概率理论、高等代数、函数理论、微分方程、数理统计、连续群理论、数论、三体问题以及微分几何、解析几何、球面三角几何、旋转几何等。大量的数学知识使他的爱好得到极大满足,也为他以后的发展打下了良好的基础,提供了必要的工具。

在数学教师中,给他印象最深的是 F. 默顿和 W. 温廷格,前者曾以提出关于素数分布的“默顿假说”而对数论做出贡献,后者则被德国著名数学家 F. 克莱因称为“奥地利数学界的希望”,发展了黎曼-克莱因的 θ-函数理论,并在几何、代数、数论、不变量理论、概率、相对性理论等方面做出过贡献。薛定谔始终和温廷格保持着通信联系,在创立波动力学时还向他请教过一些数学问题。

薛定谔还选修过气象学、天文学、无机化学、有机化学等课程,但他主要的精力还是在物理和数学上。他选修了哈泽内尔的几乎所有的理论物理学课程,包括统计力学、哈密顿力学、连续介质力学、热学、光学、电磁学和声学。哈泽内尔对电磁波理论、黑体辐射、电子理论等做出了重要贡献,他不但接任了导师玻尔兹曼的理论物理讲座,也继承了玻尔兹曼的学术传统和教学风格,“在公众场合总是愉快的、欢乐的,充满了独创性的幽默,即使在一些学生感到难堪或尴尬的场合也从不伤害他们的自尊心,总是充满好意,乐于助人”。

薛定谔对哈泽内尔满怀敬意,他正是从哈泽内尔的讲授中掌握了以后工作的大部分基础。薛定谔曾说,自己作为一名科学家的个性的形成,要归功于哈泽内尔。1933 年,他获得诺贝尔物理学奖后发表获奖演讲时说:“假如哈泽内尔没有去世的话,那么他现在当然会站在我的位置上。”这或许并不仅仅是谦辞,而说明薛定谔认为哈泽内尔与他有相同的知识结构、思想倾向和气质,却在研究上远远走在他的前面。

天赋加勤奋,再加上名师指导,使薛定谔很快在大学校园里崭露头角,为同学们所赞叹。后来担任维也纳大学理论物理学教授的蒂林格这样描述他与薛定谔的初次相遇:

“那是 1907—1908 年度的冬季学期,当时我是刚刚入学的新生，常去数学讲习班或图书馆看书。有一天，当一个淡黄色头发的大学生走进屋里时，旁边的同学突然推了我一下，说‘这就是薛定谔！’我以前从未听说过这个名字，但如此表达出的尊敬语气和同学们的眼光给我留下了深刻的印象，并从一开始就产生了这样的信念：他绝非碌碌之辈。这种信念随着岁月流逝而日益坚定。”

蒂林格又接着说：

“相识很快发展成为友谊，在这种友谊中，薛定谔总是帮助人的一方。在复习功课准备考试时，在讨论老师课堂上讲的那些难以掌握的知识时，我的朋友薛定谔总是起着兄长般的作用，他优越的智力条件被毫无嫉妒地公认。远在他获得建立波动力学的成功之前，他的小圈子里的朋友们就都深信他肯定会做出某些非常重要的贡献。我们非常清楚他那种火一样的工作激情，他用这种学术热情去艰苦工作，寻求解释，打破狭隘的特殊专业的界限，去开辟新的探索自然之路。”

薛定谔的这种声誉逐渐不仅限于同学们之间，他也日益为教授们所重视和赞赏。有这么一件事，大约发生在1910年夏季,即他快要毕业时。当时马赫作为物理学界的老前辈,对物理学家格伯的一份手稿中提出的引力和电磁学之间的关系感兴趣,但又得不出一个清楚的看法,因此要求大学里另一位老资格的物理学家雅格研究一下这份手稿,而雅格把这个问题交给了搞理论物理的晚辈哈泽内尔。哈泽内尔大略看了看,认为值得注意,而当雅格征求玻尔兹曼的另一位学生、后来科学哲学维也纳学派的主要成员弗兰克的意见时,后者却认为手稿中概念混淆,数学推导也不能令人满意。马赫又把它交给数学家温廷格,坚持要他再作进一步推敲。而温廷格后来在给马赫的信中这样报告:“我把格伯的论文交给了一位年轻的电学研究者,他在其他领域中也表现得相当出色,他提供了下述详细的见解。”这位年轻的研究者就是薛定谔,他经过细心的研究,得出了与弗兰克相似的结论,认为这篇论文的一些关键之处很不清楚。温廷格感觉薛定谔的回答相当详尽并具有很强的说服力。

所有这些,都足以显示出薛定谔的理论才华,但他并没有把自己局限于理论问题。他认真地出席埃克斯纳的实验物理讲座，细心地进行各种实验操作，并从中去体会物理学的特征和本质，去具体把握物理学的基本观念及其与实验观察的关系。埃克斯纳在薛定谔学生时代和工作初期都曾指导过他，给了他很大影响，埃克斯纳对于因果性和偶然性的论述，也促使他日后许多科学观念的萌芽。

薛定谔的博士论文，是于 1910 年在埃克斯纳主持的第二物理研究所完成的。这是一项实验性研究，也是他独立从事的第一次科学研究，主题是“潮湿空气中绝缘体的导电性”。这一选题，体现了维也纳大学物理教学传统中对于实验的重视。事实上，当年哈泽内尔在学生时代尽管也偏爱数学和理论物理，并发表过一些有关文章，但他的博士论文也选的是实验物理题目——“流体的介电常数与温度的关系”，由已留校任教多年的埃克斯纳具体指导。而薛定谔的论文题目，是当时第二研究所正从事的大气电学研究中的一个难题，因为大气电流的测量必须保持必要的绝缘，而即使最好的绝缘体，如琥珀、石英玻璃、硫黄、石蜡、硬橡胶等也常常不能满足要求，因为其表面由水、雾、雪、昆虫分泌物而形成导电薄膜。当时主持大气电学研究的冯·施维德勒具体指导了他的工作。薛定谔说:“我从众所周知的静电实验在潮湿空气中很难成功这一事实出发,去研究湿气对实验室中常用的绝缘材料的影响。”他把硬橡胶、玻璃、摩擦过的琥珀、硫黄或石蜡等制成的棒一端用锡箔包好,与蓄电池连接,另一端接上验电器。在干燥的空气中,验电器没有显示,而在湿气影响下则被充电,棒表面成为导体。薛定谔特别测量了验电器的充电速率,推导出材料的电阻是湿度的函数的结论。他发现对于大气电流测量,玻璃是最差的绝缘体,而石蜡是最好的。

薛定谔把这一研究成果写成论文,提交维也纳大学的学位委员会评审,获得了学位委员会的高度评价。他终于以优异的成绩完成了学业,戴上了博士帽,从此正式迈入学术殿堂。

开创生物学革命的新时代

胡新和

中国科学院大学　教授

建立科学的统一性，是薛定谔毕生的信念和追求。薛定谔是个理性主义者，他追求对自然界和谐统一的理解，也追求对科学和谐统一的理解。作为一个典型的维也纳人，他也和许多科学前辈同乡一样，独具慧眼，善于吸收汇合不同领域的优秀成果，在不同的科学概念和研究领域间发现内在联系，找到沟通的桥梁。他的同乡弗洛伊德把医学和心理学的研究方法结合起来，创立了精神分析学；另一同乡孟德尔则把组合数学方法引入生物学，成为遗传学的奠基人。这种跨学科的或多学科交汇处的研究常常成为新理论或新学科的生长点，一方面体现出现代科学日益复杂精细,另一方面也体现出综合和统一的趋势。

薛定谔在建立波动力学的过程中,正是从哈密顿力学-光学的形式统一获得启发,通过相对论与量子论的统一推导出波动方程;量子力学的物理诠释,也要求用波动性和粒子性的统一来解释微观客体的波粒二象性。但是,他并不满足于建立物理世界的统一性。下一步,他将探索科学统一性的目光,投向了包括人类自身的生命现象。1944年,他在剑桥大学出版社出版《生命是什么》一书,一时洛阳纸贵,产生了极大的影响。他在该书"序言"中说:

我们从先辈那里继承了对一种统一的、无所不包的知识的殷切追求。那些最高学府所被赋予的独特名称(即university)[①]提醒着我们,自古以来的数个世纪当中,只有普遍的(universal)东西才能完全获得承认。然而,在刚刚过去的百余年里,各个知识分支在广度上和

① 即大学,其英文"university"的词根与下文的"universal"相同。——译者注

深度上的扩展，使我们面临着一个奇怪的困境。我们清楚地感受到，直到现在我们才开始获得能够将以往所有的知识融合为一个整体的可靠材料；然而另一方面，一个人要想跨越他专攻的那一小块领域以驾驭整个知识王国，已是几乎不可能的了。

若要摆脱这个困境（以免永远无法达成真正的目标），我认为唯一的出路在于：我们中的一些人应该斗胆迈出第一步，尝试将诸多事实和理论综合起来——即使对于其中某些内容还局限于第二手的和不完整的了解，并且冒着最终白忙活一场的风险。

这些话就是薛定谔进入生物学领域探险时的宣言，它也充分体现了他在探寻真理中无所牵挂的真挚和胆略。文中最后提到的“真正的目标”就是对世界本质统一性的理解，正是为了科学的统一性，为了人类理解自然的和谐统一的理想，他甘愿放弃已取得的名望，敢于承担被指责为蠢人的风险，尝试对奇妙的生命现象，特别是遗传性状的不变性和新陈代谢等进行新的物理思考，运用物理学的最新成就和方法进行剖析，提出了一种全新的见解。

第二次世界大战结束后，许多物理学家面临着职业选择。一方面，因为他们认为，是物理学的发展导致了毁灭性核武器的产生，使无数生灵涂炭；他们必须对自己工作与人类福利的关系做深刻的反省——科学应该造福人类，而不是祸害人类。另一方面，相对于量子力学和相对论迅速发展的激动人心的年代，理论物理学已进入一个相对平静的时期，许多物理学家都在寻找新的突破点。

在这个关键时刻，薛定谔出版《生命是什么》一书，独树一帜地提出用热力学和量子力学研究生命的本质，明确指出物理学的这种跨界探索将在生命科学领域大展宏图。这无疑对大批渴望自己的工作能够造福于人类而不是用于人类自戕的年轻物理学家有极大的诱惑力，很快吸引他们走进了这个充满希望和生机的新领域，也预告了生物学革命新时代的黎明。

1953 年美国生物学家 J. 沃森和英国物理学家 F. 克里克在剑桥大学卡文迪许实验室合作研究，在威尔金斯的 X 射线衍射资料基础上，建立了遗传物质 DNA(脱氧核糖核酸)的双螺旋结构模型，这是 20 世纪生物科学中最伟大的成就，标志着分子生物学的发端。他们三人因为对“核酸分子结构及其对生物中信息传递的意义”的发现而获 1962 年诺贝尔生理学或医学奖。三人中克里克和威尔金斯在战时都是服务于军事部门的物理学家，战争结束后当他们寻找一个新的研究领域时，正是薛定谔的《生命是什么》一书，使克里克放弃了研究基本粒子的计划，而选择了“原来根本不打算涉猎的生物学”，也使“部分由于原子弹而对物理学失去兴趣”的威尔金斯“为控制生命的高度复杂的分子结构所打动”，而“第一次对生物学产生了浓厚的兴趣”。三人中年轻得多的沃森则是在芝加哥大学学生物时读了《生命是什么》，感到自己“深深地为发现基因的奥秘所吸引”而投身对它的研究。其他如卢里亚，以及查尔加夫、本泽等著名分子生物学家，都深受《生命是什么》一书所影响。

诚然，薛定谔于生物学并非行家，他所具有的“只是第二手的和不完全的知识”，但如威尔金斯所说，他的著作之所以有影响，理由之一就是他“是作为一个物理学家写作，如果他作为一个正式的大分子化学家来写，或许就不会有同样的功效”。正是从一个有深邃眼光的理论物理学家的角度,对生命物质和遗传机制等问题发表了精湛见解,他才开拓了一种新的研究途径。

分子生物学的研究目的,是认识生物大分子的结构和功能。正是这些生物大分子的结构决定了它们的性质和在生命过程中的作用。生物体中遗传性状的不变性,说明了基因作为遗传物质在外界无序干扰下的高度稳定性,这用经典统计物理的涨落观念是无法解释的。

薛定谔发挥了德尔布吕克的思想,提出基因大分子是一种由同分异构元素连续组成的非周期晶体,像稳固的晶体结构一样,它的稳定是由于原子间的海特勒-伦敦键的作用。这些元素的排列浓缩了涉及有机体未来发育的精确计划的"遗传密码",能在很小的空间范围内体现出复杂的决定系统,基因的"突变实际上是由于基因分子中的量子跃迁所引起的""这种变化在于原子的重新排列并导致了一种同分异构的分子而比之于原子的平均热能,这种构型变化的阈能之高使这种变化的概率极低,这种罕见的变化即自发突变,它们成为自然选择的基础"。这里,薛定谔率先引入了"遗传密码"的概念,并致力于解释遗传信息的物理基础,成为分子生物学信息学派的先驱。

薛定谔承认，他写作《生命是什么》的唯一动机，是揭示“生命物质在服从迄今为止已确立的物理学定律的同时，可能涉及迄今还不了解的物理学的其他定律”。由热力学第二定律，孤立系统的不可逆过程中的熵值总是趋于增加，系统总是趋于概率增大的无序状态，直至达到热力学平衡。而生命却是物质的有秩序、有规律的行为，生命有机体作为宏观系统能保持自身的高度有序状态，并不断向增加组织性的方向进化。

应当怎样解释生命物质的这种功能呢？薛定谔在前人把新陈代谢解释为物质交换和能量交换的基础上，引入了“负熵”概念。他认为“一个生命有机体要活着，唯一的办法就是从环境中不断地汲取负熵。……有机体就是依赖负熵为生的。或者更确切地说，新陈代谢中本质的东西，乃是使有机体成功地消除了当它活着时不得不产生的全部的熵”。他以动物为例，认为它们正是从极有秩序的食物中汲取秩序维持自身组织的高度有序水平。尽管他的论述不免粗糙，但无疑其中蕴涵着极有价值的开拓性见解。引入负熵概念，指出生命物质具有从外界环境中汲取负熵以维持自身和产生有序事件的自组织能力，薛定谔的这些论述对于后人关于生命系统的研究很有影响。一般系统论的创始人贝塔朗菲所提出的生命系统论，以及 1977 年诺贝尔化学奖得主普里戈金的耗散结构理论都从中获益匪浅。

《生命是什么》的重大意义，并不止于倡导从分子水平探索遗传机制和生命本质，而且引入了“遗传密码”“信息”“负熵”等概念来说明一系列生命现象。它的深远意义还在于提出了下面这个重大问题：“在一个生命有机体的空间范围内，在空间和时间中发生着的事件，如何用物理学和化学来解释？”在方法论上，他倡导用物理学和化学的理论、方法和实验手段研究生物学，并且身体力行地率先做出有益的尝试，这正是薛定谔对生物学的主要贡献。

量子力学的诞生，标志着微观层次的理论物理学的成熟，它为从分子水平认识生命现象提供了很有帮助的理论工具，而 X 射线衍射等技术为探测生命物质的结构提供了有效的实验手段。引进这些精密科学的概念和方法，将使发展较慢的生物学经历重大变革，从定性描述转到定量研究，从强调整体转到重视具体机制，从强调生命与非生命的差别转到强调两者之间的同一性，从单学科研究转到多学科综合研究，从而实现向现代生物学的转变。正是在这一转变中，由于薛定谔本人的声望、他提出问题的鲜明性和及时性，使他尝试给物理学与生物学的结合以极大的推动，成为探索二者统一性的先驱，从而促成了分子生物学的诞生。

基因概念的历史

向义和

清华大学 教授

1865 年,奥地利修道士孟德尔在他的《植物杂交的试验》论文中首次提出,植物的各种性状是通过存在于所有细胞中的两套遗传因子表现出来的。植物只将两套遗传因子中的一套传给子代。子代植物从雄性和雌性植物中各得到一套,即共接受两套遗传因子。孟德尔的遗传因子即后来的“基因”。

1869 年,瑞士生化学家米歇尔在细胞核中发现了含有氮和磷的物质,他把这种物质称为“核素”,即后来的“核酸”。20 世纪初,德国生化学家科塞尔开始了对核酸的生化分析,发现了构成核酸的四种核苷酸。核苷酸由碱基、糖和磷酸组成。碱基有腺嘌呤、鸟嘌呤、胞嘧啶和胸腺嘧啶。这种核酸称为脱氧核糖核酸(即 DNA)。后来进一步弄清了 DNA 在细胞里的位置,1914 年德国生化学家福尔根用染色法发现 DNA 在细胞核内的染色体里。

最初的进展是弄清了遗传因子与染色体的关系。染色体是细胞核内的线状物质,在细胞分裂时才能观察到。多数高等动植物的每一个细胞核中有两组同样的染色体。人的染色体数是 46 条,即有 23 对染色体。细胞分裂(一个细胞分裂后形成两个新的细胞,即子细胞)时,染色体的分配机制使得两个子细胞接受的染色体相同。

1902 年,哥伦比亚大学的研究生萨顿提出,孟德尔假设的分离与显微镜中发现的细胞分裂期间染色体的分离非常相似,一年之后详细的细胞学研究证实了他的观点,从而表明孟德尔的遗传因子可能是染色体或者是染色体片段。1911 年,美国遗传学家摩尔根提出,假如基因在染色体上呈线性排列,那么就应该有某种方法来绘制染色体上基因相对位置的图。1915 年,摩尔根和他的两位学生出版了《孟德尔式遗传学机制》一书,他们认为基因是物质单位，并位于染色体的一定位置或位点上，每一个基因可以视为一个独立的单位，它与其他相邻的基因可以通过染色体断裂和重组过程而分离。[①]1926年，摩尔根的《基因论》问世，他坚持"染色体是基因的载体"。1927年，摩尔根的学生缪勒用X射线造成人工突变来研究基因的行为，他明确指出"基因在染色体上有确定的位置，它本身是一种微小的粒子，它最明显的特征是'自我繁殖'的本性"。

进入20世纪40年代后，基因概念的一个重要发展是对基因功能的认识，对基因与代谢和酶(即蛋白质的催化剂)的关系的揭示。1945年，美国遗传学家比德尔和塔特姆提出了"一个基因一个酶"的假说。[②]这一假说认为每一个基因只控制着一种特定酶或蛋白质的合成。今天，人们一般认为一个基因一个酶的假说还不够完备，因为一个基因显然只编码一条多肽链，而不是编码一个完整的酶或蛋白质分子。

---

① 加兰·E.艾伦.20世纪的生命科学史[M].田洺，译.上海：复旦大学出版社，2000：72—81，240.

② 尹淑媛，陈麟书.生物科学发展史[M].成都：成都科技大学出版社，1989：263—265，270.

对基因性质的物理学分析

向义和

清华大学 教授

《生命是什么》是杰出的奥地利物理学家薛定谔根据他在 1943 年对都柏林三一学院高年级学生的演讲而写成的，次年由剑桥大学出版社予以出版。在该书中，薛定谔把物理学和生物学结合起来，用物理学观点深刻地分析了基因的性质，揭示了基因是活细胞的关键组成部分，指出生命的特异性是由基因决定的，以及要懂得什么是生命就必须知道基因是如何发挥作用的。

（一）基因的最大尺寸

薛定谔在《生命是什么》第 2 章“遗传机制”的“单个

基因的最大尺寸”一节里，把基因作为遗传特征的物质携带者，并强调了与我们的研究很有关系的两个问题：第一是基因的大小，或者宁可说是基因的最大尺寸，也就是说，我们能够在多小的体积内找到基因的定位；第二是从遗传模式的持久性断定基因的稳定性。

在估量基因的大小时，薛定谔认为有两种完全独立的方法，一种是把估量基因大小的证据寄托在繁殖实验上。这种估量方法是很简单的，如果在果蝇的一条特定的染色体上定位了大量的表示果蝇特征的基因，我们只需要用这个数量的截面来划分染色体的长度，就得到了需要的估量。显然这个估量只能给出基因的最大尺寸，因为在染色体上基因的数量将随着基因分析工作的继续进行而不断地增加。

另一种是把基因大小的证据建立在直接的显微镜检验上。用显微镜观察生物细胞内的染色体纤维，你能看到穿过这条纤维的横向的密集的黑色条纹，这些条纹表示了实际的基因(或基因的分立)。当时的生化学家在果蝇的染色体上观测到的平均条纹数目大约是2000条。这一结果与用繁殖实验定位在果蝇染色体上的基因数大致有相同的数量级。用这一数目划分染色体的长度就找到了基因的大小约等于边长为 30 纳米的立方体的体积。

接着,薛定谔在题为"小数目"一节中,对 30 纳米这个数字作了分析,他指出 30 纳米大约只是在液体或固体内 100 或 150 个原子排成一行的长度,因此一个基因包含的原子数不大于 100 万或几百万个。从统计物理学的观点来看,这个数目是太小了,因此基因可能是一个大的蛋白质分子(当时蛋白质被认为是遗传物质,而不是 DNA),在这个分子中每个原子、每个自由基、每个杂环起着一种不同于任何其他相似的原子、自由基或杂环起的独特的作用。

1953 年,美国遗传学家沃森和英国生物物理学家克里克发现了 DNA 分子的双螺旋结构,在他们发表的论文《核酸的分子结构——脱氧核糖核酸的结构》[①]中使用 X 射线衍射实验数据,两个碱基对之间的距离(即现在

① 沃森.双螺旋——发现 DNA 结构的故事[M].刘望夷,等译.北京:科学出版社,1984:146,147.

所说的一个碱基对的长度)为 0.34 纳米,螺旋的半径为 1 纳米。按照 2000 年 4 月人类基因组计划测序的结果,果蝇基因的平均长度为 10kb(1kb 表示 1000 个碱基对)。如果把螺旋的体积简化为一个圆柱体的体积来计算,则可以算出果蝇基因的平均体积是薛定谔的计算值的 2/5,这个结果是合理的,因为随着时间的推移,在染色体上发现的基因数就会增多,相应的基因的平均长度就会减小,从而基因的平均体积的计算值也会减小。这一结果说明薛定谔在当时不仅具有基因定量化的思想,而且他的计算结果在数量级上与现在是一致的。这对于人们定量地去研究基因无疑起到了极大的促进作用。

(二)基因的物质结构

对于基因的物质结构薛定谔提出了一个著名的“非周期性晶体结构”的科学预见。在第 1 章的“统计物理学·结构上的根本差异”一节中,他首先提出生命物质的结构与非生命物质的结构完全不同。他说:“有机体中最重要的那部分结构的原子排列方式以及这些排列方式之间的相互作用，与物理学家和化学家们迄今为止在实验中及理论上研究的对象有着根本的差异。”接着，他对染色体的结构提出了科学的预见。他说：“生命细胞的最基本部分——染色体结构——可以颇为恰当地称为非周期性晶体。”他指出：“迄今为止，我们在物理学上处理的都是周期性晶体。对于一般的物理学家来说，这已经是非常有趣和复杂的研究对象了。”接着他生动地描述了这个对比，他说：“两者在结构上的差别，好比一张普通墙纸和一幅杰出刺绣的差别，前者只不过是按照一定的周期性不断重复同样的图案，而后者，比如拉斐尔花毡，则绝非乏味的重复，而是大师的极有条理和富含意义的精心设计。”

生物大分子的非周期性晶体结构是怎样形成的呢？薛定谔在第5章的“非周期性固体”一节中阐述了这个问题。他说：“微小的分子可以被称作‘固体的胚芽’。以这样一个小小的固体胚芽为起点，似乎可通过两种不同的方式来建立越来越大的集合体。第一种方式是相对无聊地向三维方向不断重复同样的结构。生长中的晶体遵循的正是这种方式。一旦形成周期性，集合体的规模就没有什么明确的上限了。另一种方式是不用枯燥的重复来建立越来越大的集合体。越来越复杂的有机分子就是如此,其中的每一个原子、每一个原子团都起着各自的作用,和其他分子中相应的原子或原子团所起的作用并不完全一样(在周期性结构中则完全一样)。我们或许可以恰如其分地称之为非周期性晶体或固体,于是,我们的假设就可以表达为:我们认为一个基因——或许整个染色体结构[①],就是一个非周期性固体。”

薛定谔关于遗传物质是“非周期性晶体”的说法具有深远的意义:一方面由于它的非周期性蕴涵着分子排列的多样性,这就意味着遗传物质包含了大量丰富的遗传信息;另一方面由于具有晶格结构,所有的原子或分子都与周围的原子或分子连接在一起,所以相当稳定。DNA 双螺旋结构的发现者们正是在读了薛定谔的《生命是什么》一书,并在 DNA 已被证实为遗传物质后,才

① 虽然它高度多变,但这并不是反对的理由,因为细铜丝也是这样的。

把 DNA 的具体的物质结构作为研究方向的。

（三）基因的稳定性

薛定谔在第 2 章“持久稳定性”一节中一开始就提出两个问题：我们在遗传中遇到多大程度的稳定性，因此我们必须把什么归因于携带遗传性质的物质结构？

他认为，遗传性质在世代传递中保持不变的事实，说明遗传的稳定性几乎是绝对的。他指出，由双亲传递给子代的不只是这个或那个特性，因为这些特性实际上只是整个（四维）“表观型”的样式，体现了这个个体看得见的、明显的性质在没有很大改变的情形下被后代复制，在几个世纪中保持了稳定性。那么内在的决定因素是什么呢？携带遗传性质的物质承担者是什么呢？他认为，每次遗传都是来自结合成受精卵细胞的两个细胞核的物质结构，也就是遗传特性取决于双亲的精子细胞核和卵细胞核内的染色体上的基因结构，即取决于“基因型”。薛定谔还利用他提出的分子的固体性说明了基因的稳定性。在第 5 章的“真正重要的区分”一节中，他说:“这样做的道理在于,将分子中各个原子(不管是多还是少)联结在一起的力和那些组成真正的固体或晶体的大量原子之间的力,性质是完全相同的。分子能表现出和晶体一样的结构稳固性。应该还记得,我们此前正是用这种稳固性来解释基因的持久性的。”

薛定谔明确指出,要理解基因的稳定性,就要解释使分子保持一定形状的原子间的相互结合力,在此经典力学是无能为力的,只能依靠量子论。他在第 4 章的“量子论可以解释”一节中说:“就当前的认识而言,遗传机制不但和量子论密切相关,甚至可以说就是建立在其基础之上的。”他指出:“海特勒-伦敦理论涉及量子论最新前沿(称为‘量子力学’或‘波动力学’)中的最为精致和复杂的概念。”又说:“已经有现成的工作可以帮助我们整理思考,现在似乎可以更为直接地指出‘量子跃迁’和突变之间的联系,并立即挑出最显著的问题。”

薛定谔在第 4 章“量子力学的证据”中,根据量子论的“分立状态”“能级”和“量子跳跃”的概念解释了稳定性问题。在第 4 章的“分子”一节中,他说:“对于给定的若干原子而言,其一系列不连续的状态中不必然但有可能存在着一个最低能级，它意味着原子核彼此紧密靠拢。这种状态下的原子就形成了一个分子。这里要强调的一点是，分子必然会具有某种稳定性；它的构型不会改变，除非从外界获得了‘提升’到相邻的更高能级所需的能量差。因而，这种能级差便在定量水平上决定了分子的稳定程度，它的数值是明确的。”

他期望读者接受上述概念，因为大量实验事实已经检验了它。他说：“上述说法都已经经过了化学事实的彻底检验，而且被证明能够成功地解释化学价这一基本事实以及关于分子的诸多细节，比如它们的结构、结合能、在不同温度下的稳定性，等等。”

（四）基因的突变

薛定谔指出遗传特性的突变是由于基因的突变造成的。他在第 3 章的“突变个体后代有相同的性状，即突变被完全遗传下来了”一节中说：“突变无疑是遗传宝库发生的一种变化，有必要追溯到遗传物质的某种改变。”虽然当时还没有可靠的实验证据，但是，他仍然认为遗传性状的突变是由于染色体上基因的突变引起的。他在第3章的“突变位点·隐性与显性”一节中说：“这正是我们预期的由突变体的同源染色体在减数分裂中分离带来的结果。”

他还认为染色体上一些相同原子的不同构型的分子(即同分异构分子)表示不同的基因。他在第4章的“第一项修正”一节中说：“应用到生物学上，就表示相同‘位点’上一个不同的‘等位基因’，而量子跃迁就代表一次突变。”他在“第二项修正”一节中进一步指出：“实际上它们确实不同，两者所有的物理常数和化学常数都有显著的差异。它们具有的能量也不同，代表着‘不同的能级’”，因此，“从一种构型转变为另一种构型，必须经由中间构型，而后者的能量比前两者都要高”“所谓的‘量子跃迁’，指的是从一种相对稳定的分子构型转变为另一种相对稳定的分子构型。发生转变所需的能量供给(它的量用 W 表示)并不是实际的能级差”“因为它们不会产生持久的影响，难以引起人们的注意。分子发生这些转变后，几乎立刻又回到了初始状态，因为没有什么东西会阻碍它们的回归”。

薛定谔还从遗传突变的不连续特性出发，指出突变是由于量子跃迁的结果。他在第3章“突变”的一节“‘跳跃式’突变——自然选择的作用基础”中说：“‘跳跃式’这个词并不是说变化有多么大，而是说少数那几个发生变化的和未发生变化的个体之间没有中间形式，存在着不连续性。”他认为这个有意义的事实是不连续性，意味着在两个分立状态之间没有中间状态，在相邻能级之间没有中间能量，表明生物遗传特性的突变是由于在基因分子中的量子跳跃造成的。

（五）基因的功能与作用

在上面我们已经指出薛定谔的一个重要观点，基因是遗传特征，即遗传信息的携带者，他又知道基因定位在染色体上，基因是染色体上的一个片段的事实，所以他认为染色体上包含了个体发育、成长的全部信息，提出了染色体是遗传密码原本的论断。在第2章“遗传机制”的“遗传密码本（染色体）”一节中，他说：“虽然可以通过形状和大小分辨出单个染色体，但是这两组染色体几乎完全相同。稍后我们会了解到,其中一组来自母体(卵细胞),另一组来自父体(与卵子结合的精子)。正是这些染色体,或者仅仅是我们在显微镜下看到的形似中轴骨的那些染色体纤丝,含有某种决定了个体未来发育及其在成熟形态下的功能的整个模式的密码本。每一组完整的染色体都含有全部的密码;因此,作为未来个体最早阶段的受精卵中通常会含有两份密码。”薛定谔还认为密码原本术语的含义太窄了,它没有体现染色体上基因的全部功能和作用。他用了下面一个生动的比喻来形象地说明基因的多种多样功能,他说:“它们集法典规章和行政体系——或者换个比喻,设计师的蓝图和建筑工的技艺——于一身。”

薛定谔还从生物分子的同分异构性引起的原子或原子团排列的多样性来说明遗传密码内容的丰富多样性。他认为基因是一个生物大分子,它由很多同分异构(指化合物有相同的分子式,但具有不同的结构和性质)的小分子所组成,这些小分子的性质以及它们的排列方式可能包含了遗传信息,决定了遗传密码。他在第5章的“压缩在微型密码中的丰富内容”一节中说:“常常有人问，像受精卵的细胞核这么一点点物质，怎么能如此详尽地包含关于一个有机体未来发育的密码信息呢？在我们的认识范围内，唯一一个能够提供各种可能的（'同分异构的'）组合方式，而且大小还足以在一个狭小的空间范围内包含一个复杂的'决定性'系统的物质结构，似乎只有非常有序的原子集合体，它的抵抗力足以持久地维持这种秩序。"为了说明小分子的种类和个数与排列数的关系，他举了摩尔斯（Morse）电码的例子。他说："点和划这两类不同的符号，如果用不超过 4 个的符号进行有序组合，就可以产生 30 组不同的电码。若是在点和划之外再加上第三类符号，且每个组合中的符号不超过 10 个，将得到 88572 个不同的'字母'。"可见，在生物大分子中，随着小分子或原子团的种类和数目的增加，它们排列方式的数目就会大量增加，储存的信息量也相应地增大。

薛定谔进一步说明每个基因、每个密码因子不只是表示一个可能的分子，而且也可能具有操作分子合成的作用。他说：" 当然在实际情况中，对一组原子来说并不是'每一种'组合方式都存在相应的分子；此外，这也并不是说密码本中的密码就可以随意使用，因为密码本自身就是引起发育的作用因子。”他在第 6 章“该模型中一个值得注意的一般性结论”一节中说：“基因的分子图景至少使我们有可能设想，微型密码精确对应着高度复杂和专门化的发育计划，并包含着使之得以实现的某种方式。”

《生命是什么》的影响

向义和

清华大学　教授

1943 年，薛定谔在给都柏林三一学院高年级学生做第一次讲课时，他高瞻远瞩地向年轻的学子们提出了时代赋予的科学统一的任务。这也就是他在《生命是什么》的序言中所说的话："我们从先辈那里继承了对一种统一的、无所不包的知识的殷切追求。那些最高学府所被赋予的独特名称（即 university）提醒着我们，自古以来的数个世纪当中，只有普遍的（universal）东西才能完全获得承认。然而，在刚刚过去的百余年里，各个知识分支在广度上和深度上的扩展，使我们面临着一个奇怪的困境。我们清楚地感受到，直到现在我们才开始获得能够将以往所有的知识融合为一个整体的可靠材料;然而另一方面,一个人要想跨越他专攻的那一小块领域以驾驭整个知识王国,已是几乎不可能的了。”因此,薛定谔感到为了实现知识统一的目标,我们除了应当继续坚持理论与实验相结合,努力克服知识的局限性外,没有别的出路。

薛定谔在用大量的篇幅对基因的性质进行了物理学分析,特别是用量子论分析后,他又在第 6 章中,从热力学关于有序、无序和熵的观点,来说明维持生命物质高度有序性的原因,首次提出了“生命赖负熵为生”的名言。他在“从环境中汲取‘有序’而得以维持的组织”一节中说:“‘它靠负熵生存’,它会向自身引入一连串的负熵,来抵偿由生命活动带来的熵增,从而使其自身维持在一个稳定而且相当低的熵值水平。”

全书快结束时,在第 7 章中,回答“生命是否基于物理定律?”的问题时,薛定谔阐述了物理学和生物学的关系。他首先从有机物具有与无机物完全不同特征出发,指出虽然经典物理学在解释生命现象时遇到了困难,但是这并不意味着它们对于解决生命问题没有帮助。事实上，情况恰好相反，对生命的研究可能会展示出在纯粹研究无机现象时无法发现的全新的自然界景观，发现在生命物质中适用的新型的物理学定律。他在第 7 章的“新定律并不违背物理学”一节中指出：“所谓的新定律也是真正意义上的物理学定律：我认为，它不过是再次回归到了量子论的原理罢了。”

在 20 世纪 40 年代和 50 年代，薛定谔的生物学观点具有很大的影响，尤其对年轻的物理学家影响更大，他将一些物理学家引到一个科学研究的新的前沿，推动他们转入生物学的新领域，去探索物理学的新定律。薛定谔的《生命是什么》一书自 1944 年出版后，到 1983 年的 40 年间，在西方世界各国出版了 12 版之多。他的这本书成为当时分子遗传学的“结构学派”(应用物理化学定律来研究生命物质的分子结构)的纲领，为 DNA 双螺旋结构的发现者们提供了强有力的思想武器。

DNA 双螺旋结构的发现者之一、美国遗传学家沃森在芝加哥大学读书时，在读了薛定谔的《生命是什么》后，就被这本书吸引住了。后来他说，正是这部书引导他去“寻找基因的奥秘”。一位采访沃森的记者曾经向他提出问题:“薛定谔的波动方程使他成为有名的诺贝尔奖得主,作为物理学家,他试图用量子论来谈生命问题,这在当时是具有划时代意义的事情吧?”他说:“那本书对‘生命是什么’进行了提问,薛定谔对提问做出了回答。他叙述了生命的本质,人类、虎、鼠等所具有的特性,指出生命的特性是由染色体决定的。他还认为生命有说明书,说明书肯定存在于分子上。分子上有非常特别的构造,能利用某一方式将信息拷贝下来。”

DNA 双螺旋结构的另一位发现者、英国生物物理学家克里克曾于 20 世纪 30 年代后期在伦敦大学获得物理学学位,后来又攻读物理研究生,打算从事粒子物理研究。1946 年,他读了薛定谔的《生命是什么》一书后,受到了该书的启发而想研究物理学在生物学中的应用。书中提出的“可以用精确的概念,即物理学和化学的概念,来考虑生物学的本质问题”给他留下了深刻的印象,他读罢书后写道:“伟大的事情就在角落里。”他所说的伟大的事情指的是利用 X 射线衍射法对蛋白质和核酸的研究。

发现 DNA 双螺旋结构的有三位诺贝尔奖得主,除了沃森、克里克外，还有一位英国物理学家威尔金斯，他和富兰克林都是伦敦金氏学院的研究员，通过摄制DNA的X射线衍射图为这一结构提供了实验证据。威尔金斯也是在读了薛定谔的《生命是什么》一书后，转入用X射线衍射法研究DNA的结构的。他们在思想上都受到了薛定谔的影响，所以，尽管他们原来的工作领域不同，但是他们仍然以相似的观点和不同的方式来探讨生物学问题。由于实现了生物学与物理学的结合，理论与实验的结合，这个科学的交叉领域终于获得了大突破，于1953年发现了DNA的双螺旋结构，从而开创了生命科学的新纪元。

自从20世纪50年代生物物理学作为一门独立学科诞生以来，它已在研究生命物质的各个方面取得了显著的成就。今天由于物理实验仪器和实验技术已经达到纳米水平或分子生物水平，人们对生物分子各方面的性能有更进一步的了解，未来科学上革命性的突破有可能在生物学和物理学的结合点上实现。又由于分子生物学的研究已经越来越接近生命的本原，生物学将变得越来越数学化，物理学也将会更接近生物学。无疑，我们正处在一个令人激动的科学时代里。复杂的生物系统向物理学家展示出很多有意思的现象,提出了很多有趣的问题,值得物理学家去探索、研究、发现新的物理学规律,实现老一辈物理学家薛定谔的梦想:物理学和生物学的统一。

中　篇

生命是什么

What is Life

序言—经典物理学家探讨该主题的方式—遗传机制—突变—量子力学的证据—对德尔布吕克模型的讨论和检验—有序、无序和熵—生命是否基于物理定律？—决定论与自由意志

序　　言

Preface

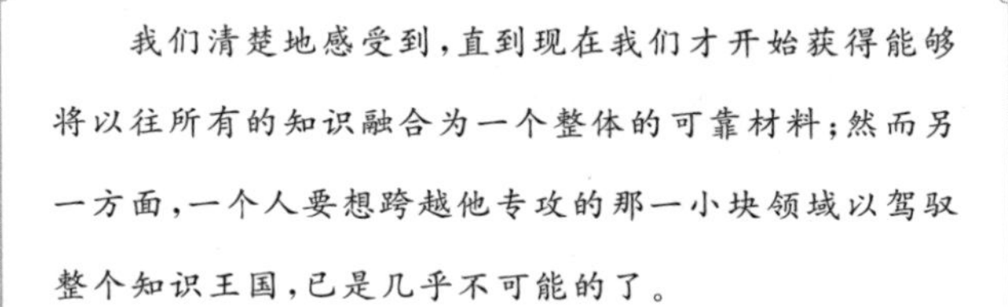

我们清楚地感受到，直到现在我们才开始获得能够将以往所有的知识融合为一个整体的可靠材料；然而另一方面，一个人要想跨越他专攻的那一小块领域以驾驭整个知识王国，已是几乎不可能的了。

人们往往认为，科学家只是在某些领域全面而深入地掌握了第一手知识，因而，就其并不精通的主题而言，不应该去发文著书。这关乎“位高则任重”的问题。如果说我也在“高位”的话，那么在此我请求暂且放弃这一身份，以求免去相应的“重任”。我的理由如下：

我们从先辈那里继承了对一种统一的、无所不包的知识的殷切追求。那些最高学府所被赋予的独特名称(即 university)提醒着我们，自古以来的数个世纪当中，只有普遍的(universal)东西才能完全获得承认。然而，在刚刚过去的百余年里，各个知识分支在广度上和深度上的扩展，使我们面临着一个奇怪的困境。我们清楚地感受到，直到现在我们才开始获得能够将以往所有的知识融合为一个整体的可靠材料；然而另一方面，一个人要想跨越他专攻的那一小块领域以驾驭整个知识王国，已是几乎不可能的了。

若要摆脱这个困境(以免永远无法达成真正的目标)，我认为唯一的出路在于：我们中的一些人应该斗胆迈出第一步，尝试将诸多事实和理论综合起来——即使对于其中某些内容还局限于第二手的和不完整的了解，并且冒着最终白忙活一场的风险。

请宽恕我作如上申辩。

语言上的障碍是不可忽视的。一个人的母语就像他舒适合身的外衣,如果它不在手头而不得不换上另一件时,他定会感到不自在。我要感谢恩科斯特博士(都柏林三一学院)、帕德里克·布朗博士(梅努斯圣帕特里克学院)以及S.C.罗伯茨先生。为了给我裁剪出一件合身的新衣裳,他们可谓费尽周折;有时候我还不太情愿放弃我自己的"独创"风格,这更是让他们花了很多心思。如果经过朋友们的大力纠正后,书中仍然留存有一些"独创"风格,当然应归咎于我而不是他们。

本书章节众多,其标题原本只是写在页边上的摘要,各章的正文应当放在一起连贯地阅读。

薛定谔

1944年9月于都柏林

第1章　经典物理学家探讨该主题的方式

The Classical Physicist's Approach to the Subject

像大脑这样的器官及其附属的感觉系统，为什么必须由数目庞大的原子组成，才能够使其物理状态的变化密切对应着高度发达的思想呢？上述器官作为一个整体，或者它与环境直接作用的某些外围部分，其生理过程与一台精细和敏感到足以对外界单个原子的冲击做出反应和调整的机器相比，为什么说是不一致的呢？

研究的总体特性和目标

这本小书源于一位理论物理学家面向约400位听众举办的一系列公开演讲。虽然听众们在演讲开始时就已经被告知这个主题理解起来并不容易，而且演讲内容也不能说是具有普及性的——尽管物理学家们手中最令人生畏的“数学演绎”这件武器几乎不会被使用，但是听众人数基本上没怎么减少。之所以如此，并不是因为该主题简单到无须数学演算就可以解释清楚，而是因为它太过复杂，没有办法通过数学完全认识清楚。另一个让讲座至少看起来有些“普及性”的特点是，演讲人试图阐释清楚的是一个介于生物学和物理学之间的基本问题，因而讲座既面向物理学家们也面向生物学家们。

尽管涉及的主题相当广泛，但整个讨论想表达的实际上只有一个想法——就是对一个重大的问题做出一点小评论。为了避免偏离主题，先简要地列出讨论大纲或许有所裨益。

所谓重大而且被广泛讨论的问题是指：

如何使用物理学和化学解释发生在一个生命有机体内的时空中的事件?

这本小书试图详细解释和论证的初步答案,可以概括如下:

目前的物理学和化学显然还没有能力解释这些事件,但绝不能因此怀疑它们以后也不能对此做出解释。

统计物理学·结构上的根本差异

如果只是为了唤起过去解决不了的问题在将来总会得以解决的希望,那么上述回答就太微不足道了。更为积极的意义在于,它充分地说明了物理学和化学目前为什么对此还无能为力。

多亏了生物学家们(主要是遗传学家们)在过去三四十年里的杰出工作,我们如今已经掌握了足够多关于有机体实际物质结构及其功能的知识。这些知识可以说明当前的物理学和化学还不能解释在空间和时间上发生于生命有机体内的现象,并确切地指出为何不能。

有机体中最重要的那部分结构的原子排列方式以

及这些排列方式之间的相互作用，与物理学家和化学家们迄今为止在实验中及理论上研究的对象有着根本的差异。不过，除了坚信物理学和化学定律完全是统计学定律的物理学家之外，其他人也许很容易认为我刚刚称之为根本的差异似乎是微不足道的。[①] 因为，正是从统计学的观点来看，才会发觉生命有机体的重要部分是如此全然不同于物理学家和化学家们所处理的任何物质对象，不管是在实验室里操作还是在写字台前沉思。[②] 他们由此发现的定律和规律是以其对象的特定结构为基础的，直接拿这些规律和定律拿来解释那些不具备该结构的系统的行为，几乎是不可想象的。

我们并不指望非物理学家能理解我刚刚用如此抽象的术语所表达的“统计学结构”上的差异，更不用说领悟到这种差异的重大意义了。为了能生动形象地表明这一观点，我先把后面将要详细解释的一个内容提前透

---

① 这一论点可能看起来太过空泛了。相关讨论见本书最后。

② F. G. Donnan 已经在两篇非常具有启发性的文章中强调了这一观点，Scientia，xxiv，no. 78 (1918)，10；Smithsonian Report for 1929，p. 309（“生命的奥秘”）。

露一下,即生命细胞的最基本部分——染色体结构——可以颇为恰当地称为非周期性晶体。迄今为止,我们在物理学上处理的都是周期性晶体。对于一般的物理学家来说,这已经是非常有趣和复杂的研究对象了;作为无生命自然界中最吸引人和最复杂的物质结构之一,它们已然令其绞尽脑汁了。然而,与非周期性晶体比起来,它们则相当平淡乏味。两者在结构上的差别,好比一张普通墙纸和一幅杰出刺绣的差别,前者只不过是按照一定的周期性不断重复同样的图案,而后者,比如拉斐尔花毡,则绝非乏味的重复,而是大师的极有条理和富含意义的精心设计。

说到那些把周期性晶体视为最复杂的研究对象之一的人,我指的是严格意义上的物理学家。实际上,有机化学所研究的那些越来越复杂的分子,已经和“非周期性晶体”非常接近了,而后者在我看来正是生命的物质载体。因此,有机化学家们早已为生命问题做出了重大的贡献,而物理学家们却几乎无所建树,这就不足为奇了。

素朴物理学家讨论该主题的方式

以上非常简要地介绍了研究的总体观点——或者不如说是最终范围，下面来描述一下论证思路。

我认为需要先介绍一下所谓的“素朴物理学家关于有机体的看法”，即一名物理学家在如下情形中，脑海里会出现的那些想法：他在学习了物理学尤其是其统计力学基础之后，开始思考关于有机体及其行为、功能的问题；他开始认真地问自己，以他自己所学，能否从这门相对比较简单、清楚和不那么高深的科学的角度为解决这些问题做出一些贡献？

事实将表明，这是可以的——下一步就是用生物学事实与他的理论预测做比较。结果会表明，尽管他的观点总的来说似乎有道理，但仍需做出相当大的修改。以这种方式我们便可以逐步接近正确的看法——更谦虚地说，是我个人认为正确的看法。

即使我的看法确实是正确的，我并不能肯定它是不是最好的同时也是最简单的论证方式。不过，这毕竟是我的方式。所谓的“素朴的物理学家”就是我自己。除了我自己这条曲折的道路之外，我找不到其他更好或更清楚的途径来达成目标。

原子为何如此之小？

展开说明“素朴物理学家关于有机体的看法”的一个好办法是从下面这个奇怪的、几乎有些荒唐的问题开始：原子为何如此之小？它们的确非常小。日常生活中随便一小块物质都包含着无数的原子。

有许多例子可以用来帮助人们理解这个事实，但最令人印象深刻的莫过于开尔文勋爵的这个例子：假设你可以标记一杯水中所有的分子；再将这杯水倒入海里，彻底搅拌使之均匀地分布在七大洋中；如果你在这些海洋的任何一处再舀出一杯水，你将发现里面大概会含有100个你之前标记过的分子。[①]

---

① 当然，你不会恰好就舀出100个(即便经过计算之后的结果是这个数目)。你可能会发现88、95、107或者112，但不太可能只有50或者多到150。预期的“偏差”或“波动”是100的平方根，即10。统计学家的表述方式是，最终数目是100±10。这个注释可以暂时忽略，在下文中会作为统计学上规则的一个例子提到。

原子的实际大小[①]大概处在黄光波长的 1/5000 到 1/2000 之间。这一比较意义重大，因为波长大体上代表了在显微镜下能够辨认的最小颗粒的尺寸。即便是小小的一粒谷子也有数十亿个原子。

那么，原子为什么如此之小？

显然，这个问题只是托词。因为它真正要问的并不是原子的尺寸。它关心的是生物的大小，尤其是我们人类自己的身体的大小。以我们日常使用的长度单位来度量，比方说码或米，原子的确很小。在原子物理学中，我们习惯用所谓的埃(简写为 Å)为单位，它相当于 1 米的百亿分之一，用小数表示是 0.0000000001 米。原子直径的范围在 1 埃到 2 埃之间。日常生活中的长度单位(与之相比，原子是如此之小)与我们身体的尺寸密切相关。有一个故事是这么说的，码这个单位可以追溯到一位英国国

① 根据目前的看法，原子并没有清楚的边界，所以原子的“大小”并不是一个十分明确的概念。但是我们可以用固体或液体中原子中心之间的距离来确定它(或者替代它，如果你愿意的话)——当然，气体中是不行的，因为正常压强和温度下，气体中原子中心之间的距离约为直径的 10 倍之大。

王的轶事。大臣们请示国王应该采用何种单位时,他伸出一只手臂说道:“取我胸部中间到手指尖的距离就行了。”不管是真是假,这个故事对我们来说都很有意义。国王自然而然地就以自己的身体为长度参照物,他知道其他任何东西都不如这个方便。尽管物理学家对埃这个单位习以为常,但他们还是会更乐意被告知自己的新西装将需要 6 码半,而不是 650 亿埃的花呢布。

由此可以确定,我们的问题实际上在于两种长度——我们身体的长度和原子的长度——之比;考虑到原子的独立存在无可争辩地先于身体的存在,该问题实际上应该反过来问:与原子相比,我们的身体为何一定要如此之大?

我可以想象,许多物理学或化学的忠实追随者会对如下事实感到遗憾。可以说我们的每一个感觉器官都是身体的重要部分,其自身(依照之前提到的比例)也是由无数个原子构成,但它们却如此的粗糙,无法感受到单个原子的冲击。单个的原子是看不见、摸不着,也听不到的。我们关于原子的设想与用粗陋的感觉器官所获得的直接感受大相径庭,不能通过直接观察得到检验。

是否一定如此呢？有没有内在的原因？为了确定和理解我们的感官为何和相关的自然定律不相容，可否将这种情况追溯到某种第一原则呢？

这一次，物理学家终于能够完完全全地把问题说清楚了。上述问题的答案，都是肯定的。

有机体的运作需要精确的物理定律

如果不是那样，如果我们是那种敏感到连一个或者数个原子的冲击都能够被感官察觉的有机体——天哪，生命将会是一个什么样子！只强调一点：可以肯定地说，那种有机体不可能发展出这种有序的、在经历多个早期阶段后才形成的原子观念，以及许多其他的观念。

尽管我们只强调了这一点，下面的观点本质上也同样适用于除大脑和感觉系统以外各个器官的活动。就我们自身而言，最令人感兴趣的事情是我们拥有感觉、思维和知觉。其他器官都只是为负责思维和感觉的生理学过程提供辅助而已，至少从人类的角度——而不是纯粹客观的生物学角度——来说是这样的。这将非常有助于鉴别出那个与我们主观活动密切相伴的生理过程，尽管我们并不知道这种密切的相关性本质究竟如何。其实，在我看来这已经不在自然科学的范围之内了，也很有可能已经超出了人类理解能力的范畴。

于是，我们面临如下问题：像大脑这样的器官及其附属的感觉系统，为什么必须由数目庞大的原子组成，才能够使其物理状态的变化密切对应着高度发达的思想呢？上述器官作为一个整体，或者它与环境直接作用的某些外围部分，其生理过程与一台精细和敏感到足以对外界单个原子的冲击做出反应和调整的机器相比，为什么说是不一致的呢？

原因在于，我们称之为思想的东西(1)本身就是有序的，而且(2)仅仅适用于在一定程度上有序的材料，即知觉和经验。这意味着两点。首先，与思想紧密对应的物质组织(正如我的大脑对应着我的思想)必须是一个非常有序的组织，这意味着其中进行的所有活动都必须遵循严格的物理定律，而且至少要具备很高的精确性。其次，由外部的其他物体给这一在物理上非常有序的系统留下的物理印记，显然对应着构成相应思维的知觉和经验，并形成我之前提到的“思想的材料”。因此，我们的身体系统与其他系统之间在物理上的诸多相互作用，本身就通常已经具备了一定的物理有序性。也就是说，它们也必须以一定程度的精确性遵循严格的物理定律。

物理定律基于原子统计学，因而只是近似的

那么，一个仅由为数不多的原子组成、已经灵敏到能够感知单个或数个原子的撞击的有机体，为什么做不到这一切呢？

那是因为，所有的原子都在不停地进行完全无规则的热运动，而这种运动可以说是和原子的有序运动相悖的，它不会使数量较少的原子之间的活动呈现出任何规律性。只有在数量巨大的原子共同作用的时候，统计学规律才开始影响并主宰由这些原子组成的集合体的行为，而且随着参与作用的原子数目的增加，其控制作用也愈加精确。正是以此种方式，这些活动才真正获得了有序的特点。所有已知的、在有机体的生命中扮演重要角色的物理学和化学定律，都是这种统计学意义上的定

律;我们所能想到的其他类型的定律性和有序性都会因原子永不停息的热运动的干扰而失效。

其精确性基于大量原子的介入:第1个例子(顺磁性)

让我用几个例子来说明这一点。它们只是从成千上万的例子中随便举出的,对于刚开始探讨物质的这种状态的读者来说可能不是最容易理解的例子——这种状态对于现代物理学和化学来说非常基本,正如"有机体都是由细胞构成的"这一事实之于生物学,或牛顿定律之于天文学,甚至是整数序列1、2、3、4、5……之于数学。初涉该领域的人不必指望从以下寥寥数页中获得对它的全面理解和领悟。这个领域在教科书中通常被归为"统计热力学",其中响当当的名字是玻尔兹曼[1]和威拉德·吉布斯[2]。

---

① 玻尔兹曼(Ludwig Boltzmann,1844—1906),奥地利物理学家、哲学家,热力学和统计物理学的奠基人之一。——译者注

② 吉布斯(Josiah Willard Gibbs,1839—1903),美国物理化学家、数学物理学家,化学热力学奠基人,提出了吉布斯自由能与吉布斯相律。——译者注

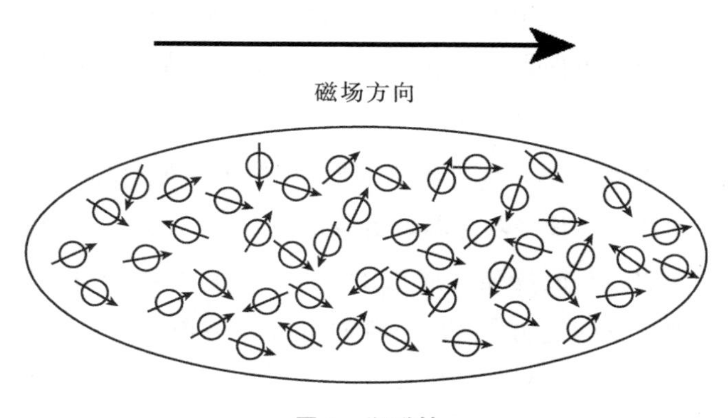

图 1　顺磁性

如果将氧气充满一个椭圆形的石英管并将其置于磁场中，你会发现它将被磁化。[①] 发生磁化是因为氧气分子本身就是小磁铁，会像指南针那样倾向于和磁场方向保持平行。但千万不要认为它们实际上全部都会平行于磁场。因为，如果你把磁场强度加倍，氧气分子的磁化程度也会加倍，而且分子磁化程度的增加速率与磁场强度的增加速率相同，在场强极高时也是如此。

这个例子尤为清晰地体现了纯粹的统计学定律。

① 之所以选择气体，是因为这样比固体或液体更简单；尽管气体的磁化作用相当微弱，这一事实并不会削弱其理论假设。

磁场的定向作用不断地受到热运动的拮抗,而正是后者使分子的方向带有偶然性。实际上,这种拮抗的结果是使偶极轴与场之间的锐角比钝角稍微占一些优势。虽然单个分子会不断地改变其方向,但平均而言(由于庞大的数目),最终效果总是稍微偏向于磁场的方向,而且偏向程度与磁场强度成正比。这一巧妙的解释由法国物理学家朗之万[1]提出。我们可以用下面的方法来检验。如果观察到的微弱磁化确实是两种作用,即旨在使所有分子平行的磁场和使分子方向带有偶然性的热运动之间相互竞争的结果,那么就有可能通过削弱热运动,亦即降低温度而非增加磁场强度,来提高磁化程度。这已经得到实验的确证,实验中的磁化作用与绝对温度成反比例,定量结果也符合理论(居里定律)。借助现代设备,我们甚至可以通过降低温度令热运动减小到极弱的程度,从而使磁场的定向作用有把握至少让氧气分子达到相当高比例(如果不是全部)的"完全磁化"。这种情况下,我们不会再看到磁场强度的加倍带来磁化程度的加倍,而是随着磁场强度的增加,磁化程度的提高相

① 朗之万(Paul Langevin,1872—1946),法国物理学家,主要贡献为朗之万动力学和朗之万方程。——译者注

比于此前会越来越小，并接近所谓的“饱和状态”。这一预言同样通过实验在定量上得到了确证。

请注意，这一现象完全依赖于分子的巨大数目，大量的分子共同作用时才会产生可观察的磁化作用。否则，磁化绝不可能保持稳定，而是每时每刻都会极不规则地波动，成为热运动与磁场此消彼长、两相竞争的结果。

第 2 个例子(布朗运动，扩散)

如果将一个密闭玻璃容器的下部充满含有极小液滴的雾气，你会清楚地观察到雾气上缘以一定速率逐渐下沉，沉降速率取决于空气黏度、液滴的大小和比重。但是，如果在显微镜下观察某一单个液滴，会发现其沉降速率并不总是恒定的，而是呈现出非常不规则的运动，也就是所谓的布朗运动。只有在平均意义上，这种运动才是一种规则的沉降。

这些液滴并不是原子，但是它们足够小而轻，面对那些不断撞击其表面的单个分子的冲击时，不至于完全不为所动。如此，它们被撞来撞去，只是在平均意义上服从重力的作用。

这个例子表明,若是我们的感官连少数几个分子的冲击都能感受到,那我们的经验将多么的有趣和混乱啊。有的细菌及其他一些有机体是如此的微小,会受到这个现象的强烈影响。它们的运动取决于周围环境中热的波动,由不得自己。如果它们有自己的动力,或许也能成功地从一处移动到另一处——不过是有些困难罢了,因为它们受到热运动的颠簸,如同汹涌大海中的一叶扁舟。

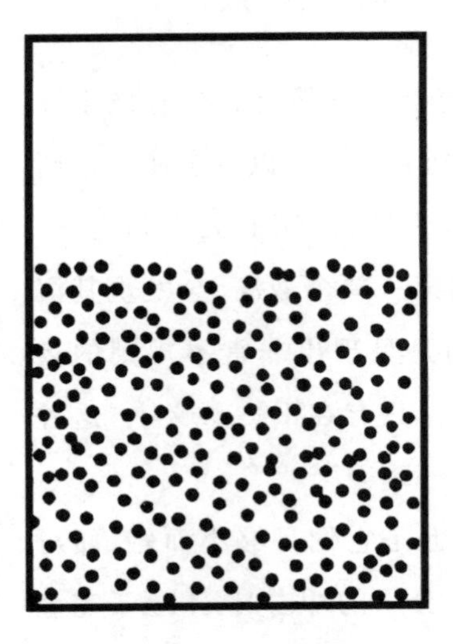

图 2　下沉的雾气

图 3　某一下沉雾滴的布朗运动

与布朗运动非常相似的一个现象是扩散。设想一下将少量有色物质溶解于一个盛满液体的容器中，比方说将高锰酸钾溶解于水中，但要使其浓度不均匀，如图4所示，黑点代表溶质（高锰酸钾）分子，其浓度从左向右递减。如果你把这个体系放在一旁静置，一个非常缓慢的“扩散”过程就会开始，高锰酸钾将从左向右、从浓度高的地方向浓度低的地方扩散，直至在水中均匀分布。

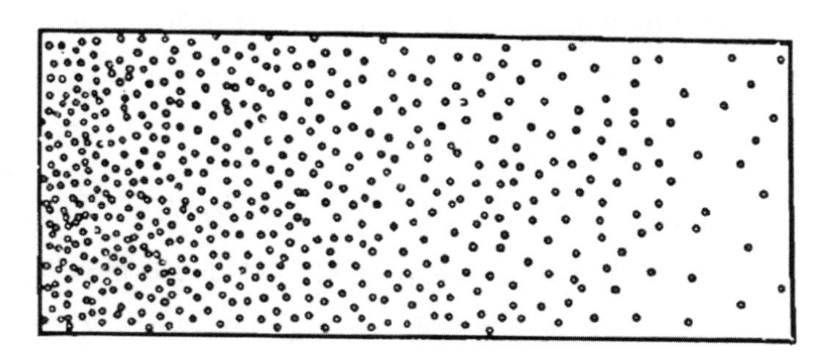

图4　溶解浓度不均时从左向右的扩散

这个过程相当简单，显然也不是那么有趣，但它的不可思议之处就在于它绝不像人们想象的那样，有某种倾向或作用力驱使着高锰酸钾分子从密度高的区域向密度较低的区域移动，好比一个国家的人口向空间更为宽松的地域迁移过去。高锰酸钾分子并不是这么一回事。每一个高锰酸钾分子的运动都相当地独立于其他分子,很少相互碰撞。不论是在分子密集的区域还是在没有分子存在的区域,每一个高锰酸钾分子都一样受到水分子的冲击而被碰来碰去,进而朝着不可预测的方向逐渐地移动——有时朝浓度高的地方,有时朝浓度低的地方,有时则斜着移动。它表现出来的运动常常被比作一个被蒙住双眼的人的行动——他渴望在宽广的路面上“行走”,却无法选择某个特定的方向,因而他的路线也在不断变化。

所有的高锰酸钾分子都是随机运动的,却产生了朝着低浓度方向有规律地流动、最终达到均匀分布的效果。这乍一看的确令人费解——不过也只是乍一看会这么觉得而已。如果你仔细考察一下图 4 中上下浓度大致相同的各个薄薄的切面,会发现在某一给定时刻,一个特定切面所含的高锰酸钾分子确实是在随机行走的,而且朝左侧和朝右侧的概率是相等的。而恰恰因为这一点,某一切面会被两侧相邻的切面所拥有的分子都穿过,但从左侧过来的分子显然比右侧过来的多,只不过是因为左侧参与随机运动的分子要比右侧的多。如此一来，两个方向运动合成，就呈现出从左到右的规律性流动，直至达到均匀分布。

若将这些想法转换成数学语言，就可以得到一个精确的扩散定律，其形式是一个偏微分方程：

$$\frac{\partial \rho}{\partial t}=D\nabla^{2}\rho$$

为了给读者省去一些理解上的困难，我在这里就不作解释了，尽管这个方程的意思用平常的语言表达起来也足够简单。[①] 之所以在此提及“在数学上精确的”严格定律，是为了强调它在物理上的精确性必须在每一个具体的应用中得到检验。由于纯粹地建立在偶然性之上，定律的有效性只是近似的。通常来说，如果它是一个很好的近似，那也只是因为在这一现象中共同作用的原子数目庞大。我们必须明白，原子数目越少，偶然偏差就越大——这些偏差在适当的条件下可以被观察到。

---

① 也就是：任何一点的浓度都随着一定的时间变化率而增加（或减小），这个时间变化率与该点周围无限小区域内的浓度的相对增加（或减少）成正比。顺便提一句，热传导定律的形式完全一样，只不过需要将“浓度”替换成“温度”。

第3个例子(测量精度的局限)

我们要举的第3个例子跟第2个例子非常相似,但是它有着特别的意义。物理学家们常常用细长的纤丝悬挂一个很轻的物体并使之处于平衡指向,然后对其施以电力、磁力或重力使之绕垂直轴发生扭转,从而测量使其偏离平衡位置的微弱的力(当然,须根据特定的目标选择适当的轻物体)。人们在不断地努力改进这种常用"扭称"的精确度时,遭遇到了一个本身就非常有趣的奇特瓶颈。随着选用的物体越来越轻、纤维越来越细长——以使扭称检测到更为微弱的力,扭称装置会遇到一个限制:悬挂的物体对周围分子热运动的撞击变得相当敏感时,它会开始在平衡位置持续不停而且不规则地"跳舞",与第2个例子中液滴的抖动很相似。这一现象虽然并没有对扭称测量的精度设置一个绝对极限,却设置了一个实际极限。热运动不可控的影响与待测力的影响相互竞争,使观察到的单次扭转失去意义。为了消除仪器受分子布朗运动的影响,必须进行多次观测。我认为在我们目前进行的研究中,这个例子特别具有启发性。毕竟,我们的感觉器官也是一种仪器。可想而知,如果它们太过敏感，也会变得毫无用处。

$\sqrt{n}$ 规则

例子暂时就举这么多了。我只补充说明一点：在和有机体或其与环境相互作用有关的诸多物理学和化学定律中，没有一条是我不能当作例子的。具体的解释可能更为复杂，但关键点都是一致的，所以描述起来会有些单调。

不过，任何一条物理定律的精确度都存在一定程度的局限，对此我要补充一个非常重要的定量说明，即所谓的$\sqrt{n}$规则。首先我会用一个简单的例子来说明，然后再加以概括。

如果我告诉你，一定压力和温度条件下的特定气体具有一定的密度（换一种说法就是，这些条件下一定体积的该气体正好拥有 n 个分子），那么可以肯定，若能在某一特定时刻检验我的说法，你会发现它并不准确，而且偏差以$\sqrt{n}$计。因此，如果数目 $n=100$，你会发现偏差约为 10，于是相对误差为 10％。但如果 $n=1000000$，那么你很可能会发现偏差约为 1000，于是相对误差为 0.1％——这时便可以大致得到一个相当普遍的统计学定律了。物理学和物理化学定律的不准确性表现在,它可能的相对误差在 $1/\sqrt{n}$ 之内,n 指的是分子数量,这些分子共同作用从而表现出该定律——也就是使它在与某些观点或某一特定实验有关的空间或时间(或时间—空间)区域内有效。

这里可以再次看出,有机体必须拥有一个相对巨大的结构,才能在其内部生活和与外部环境的互动中得到足够精确的定律的保障。否则,如果参与共同作用的微粒数目过少,"定律"就不会太精确了。尤为苛刻的条件就是那个平方根。因为即便一百万确实是一个相当大的数字,但仅仅小到千分之一的误差还远远配不上"自然定律"的称号。

第2章 遗传机制

The Hereditary Mechanism

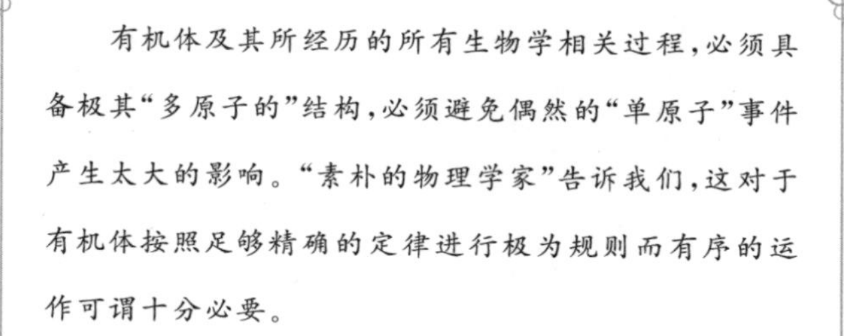

有机体及其所经历的所有生物学相关过程，必须具备极其“多原子的”结构，必须避免偶然的“单原子”事件产生太大的影响。“素朴的物理学家”告诉我们，这对于有机体按照足够精确的定律进行极为规则而有序的运作可谓十分必要。

经典物理学家那些绝非无关紧要的设想是错误的

于是我们可以得出结论说：有机体及其所经历的所有生物学相关过程，必须具备极其“多原子的”结构，必须避免偶然的“单原子”事件产生太大的影响。“素朴的物理学家”告诉我们，这对于有机体按照足够精确的定律进行极为规则而有序的运作可谓十分必要。从生物学上说，这些先验地（也就是从纯物理的角度）得出的结论与实际的生物学事实究竟有几分相符呢？

乍一看，人们可能会认为这些结论平淡无奇，也许三十年前就已有生物学家提出来了。在大众讲座中强调统计物理学不管是对有机体还是对其他对象都同样重要可能并无不妥，但这个观点实际上是老生常谈。因为任何高等生物的成年个体，不管是它的身体，还是组成它身体的每一个细胞，自然都包含了多达“天文数字”的各种单原子。我们观察到的每一个特定的生理学过程，不管是在细胞内部的还是在它与环境互动中的，似乎（可能三十年前就已经有人说过）都涉及数目巨大的单原子和单原子过程,所有相关的物理学和物理化学定律都由于这巨大的数目才得以成立,即便统计物理学对“巨大的数目”有着严苛的要求(我方才已经用规则说明过了)。

现在,我们知道这个观点其实是错误的。我们等一下就会看到,有一些小到不可思议的、小到无法形成精确的统计学定律的原子团,却在生命有机体中那些非常有秩序和规则的活动中发挥着支配性的作用。它们控制着有机体在发育过程中获得的可观察的宏观特点并决定着其功能的重要特性。简而言之,它们控制着生物体表现出非常明显和严格的生物学定律的一切活动。

首先我需要简要概述一下生物学尤其是遗传学中的情况——也就是说,我不得不就一个自己并不精通的知识领域来总结其最新动态。我自己的总结确实是外行人的看法,但也没有什么别的办法。我对此表示歉意,特别是向生物学家们。另一方面,请允许我或多或少教条地介绍一些流行的观点。因为不能指望一个平庸的理论物理学家对实验证据进行出色的研究——这些证据一部分来自大量长期实践积累下来的、美妙地交织在一起的一系列繁育实验，它们充满了前所未有的创见，另一部分则来自使用极为精密的现代显微镜技术对活细胞的直接观察。

遗传密码本(染色体)

下面我要使用有机体的“模式”一词，也就是生物学家所说的“四维模式”中的那个词，它不单指有机体在成年阶段或其他特定阶段的结构和功能，也指其从受精卵细胞一直到具备生殖能力的成熟阶段的整个个体发育过程。现在我们已经知道，整个四维模式就是由受精卵这一个细胞的结构决定的。此外，我们还知道它本质上是由受精卵中很小的一部分，即细胞核的结构所决定的。在细胞平时的“休止期”，细胞核通常表现为网状染色质[①]，分散在细胞内。但是，在那些极为重要的细胞分裂(有丝分裂和减数分裂，见下文)过程中，可以看到细胞核内含有一系列被称为染色体的颗粒，通常呈纤维状

① 这个词的意思是“能够被染色的物质”，即在显微技术中采用某种染色过程时会出现颜色的物质。

或棒状,数目为 8 或 12,而人类有 48 条[①]。不过其实我应该把这些数字写成如下形式才更清楚:2×4,2×6,…,2×24…,并且应该按照生物学家惯常的表述,说成是两组染色体。因为,虽然可以通过形状和大小分辨出单个染色体,但是这两组染色体几乎完全相同。稍后我们会了解到,其中一组来自母体(卵细胞),另一组来自父体(与卵子结合的精子)。正是这些染色体,或者仅仅是我们在显微镜下看到的形似中轴骨的那些染色体纤丝,含有某种决定了个体未来发育及其在成熟形态下的功能的整个模式的密码本。每一组完整的染色体都含有全部的密码;因此,作为未来个体最早阶段的受精卵中通常会含有两份密码。

将染色体纤丝的结构称为密码本,意思是说像拉普拉斯曾设想的那个对任何因果关系都了然于心、明察秋毫的头脑,能够根据它们的结构说出那个卵子在适当的条件下会发育成一只黑公鸡还是芦花母鸡,还是会发育

① 薛定谔在这里关于染色体数目的说法有误,正常人只有 23 对染色体,即 46 条。——译者注

成一只苍蝇、一棵玉米、一株杜鹃花、一只甲虫、一只老鼠或者一个女人。我在这里要补充一下，卵细胞的外观看起来通常都不可思议地相似。即使不相似，比方说鸟类及爬行动物的卵细胞相对来说十分巨大，但是它们在有关结构上的差异却远不如在营养物质含量方面的差异——这些巨大的卵细胞中的营养物质显然要多得多。

不过，"密码本"这个词还是太狭隘了。毕竟染色体的结构同时还有助于促进它们所编码的发育过程。它们集法典规章和行政体系——或者换个比喻，设计师的蓝图和建筑工的技艺——于一身。

身体通过细胞分裂(有丝分裂)成长

染色体在个体发育[①]中有何表现呢？

有机体的生长是由细胞的连续分裂引起的。这种细胞分裂称为有丝分裂。考虑到构成我们身体的细胞数量十分巨大，每个细胞一生所经历的有丝分裂可能并

---

① 个体发育是个体在其一生中的发育。与之相对的是系统发育，指物种在地质学分期内的发展。

不如我们想象中频繁。起初母细胞迅速生长,然后分裂成两个“子细胞”,接着它们又分裂成下一代的四个细胞,然后是8、16、32、64……在生长过程中,细胞分裂频率在身体的不同部分并非总是完全相同,这样一来便打破了这些数目的规律性。但是,对它们的快速增加进行简单推算后便可得知,平均经过50或60代的连续分裂之后,便足以得到一个成人所需的细胞数量[①]——如果再考虑到一生中的细胞更替,那就是这个数目的10倍。所以平均而言,我现在的一个体细胞只是形成我的那个卵细胞的第50代或60代“后裔”。

有丝分裂过程中每一条染色体都会加倍

染色体在有丝分裂中又有什么表现呢?它们会自我复制——两组染色体,也就是两套密码,都会加倍复制。人们在显微镜下对这个极为有趣的过程进行了细致的考察,但它过于复杂,在此无法详加描述。重点是,两个“子细胞”中的每一个都得到了一份“嫁妆”——与

① 非常粗略地说,具体数目是1000亿或者10000亿。

母细胞十分相似的两组完整的染色体。因而，所有体细胞的染色体“传家宝”都是一模一样的。[①]

不管对染色体的认识还多么欠缺，我们都不得不设想，任何单个的细胞（即使是那些不太重要的细胞）都拥有完整的（成对的）密码本，这一定以某种方式与有机体的机能密切相关。早些时候我们从报纸上读到，蒙哥马利将军在非洲战役中下达指示，让他的军队中的每一个士兵都要一字不差地了解他的所有作战计划。如果确有此事（考虑到他的部队智商高并且十分可靠，可以设想真有此事），那么，这就为我们的例子提供了一个极佳的类比，即每一个细胞都相当于一位士兵。最令人惊奇的事实在于，在整个有丝分裂过程中染色体组始终是成对的。这便是遗传机制中最突出的特点，而恰恰是它唯一的例外清楚地揭示了这一特点，我们现在就来讨论这个例外。

---

① 这份简短的概要中并没有提及嵌合体的例外情况，请生物学家们见谅。

染色体数目减半的细胞分裂(减数分裂)和受精(配子结合)

个体开始发育之后不久,就有一群细胞专门“保留着”用于产生成年个体在发育后期进行繁殖所需的配子,即精子和卵子。“保留着”意味着它们不会同时承担其他的功能,而且经历过的有丝分裂次数要比体细胞少得多。通过这种例外的即减半的分裂过程(称为减数分裂),这些被保留下来的细胞到个体成年时最终形成配子,一般是在配子配合前不久完成的。减数分裂中,母细胞中成对的染色体组只是分开成单独的两个染色体组,分别进入两个子细胞即配子之中而已。换句话说,在减数分裂中,染色体的数目并不会像在有丝分裂中那样加倍,而是保持不变,因此产生的两个配子中的每一个都只能得到一半的染色体——也就是一份完整的密码,而不是两份,比方说人的配子有 24 条染色体,而不是 2×24=48 条。

只有一个染色体组的细胞被称为单倍体(haploid,

源于希腊词汇 απλους，意为“单一”）。所以配子都是单倍体，而正常的体细胞都是二倍体（diploid，源于希腊词汇 διπλους，意为“二倍”）。偶尔也有一些个体所有的体细胞中都拥有三倍、四倍……或者说多倍的染色体组，相应地它们就被称为三倍体、四倍体……多倍体。

雄性配子（精子）与雌性配子（卵子）都是单倍体，它们在配子配合的过程中相互融合，形成的受精卵细胞是二倍体。受精卵的一个染色体组来自母方，另一个来自父方。

单倍体个体

还有一点也需要纠正。虽然它对我们的讨论并非不可或缺，但的确十分有趣，因为它表明每一个染色体组都单独含有相当完整的一套关于“模式”的密码本。

有些情况下，减数分裂过后并没有紧接着发生受精，期间单倍体细胞（即“配子”）经历了许多次有丝分裂，形成了一个完整的单倍体个体。雄蜂就是这种情况，它是通过孤雄生殖的方式产生的，由未受精的卵细胞发育而来（该卵细胞未经受精因而是单倍体）。雄蜂是没有父亲的！它所有的体细胞都是单倍体。如果你乐意，也可以把它称为一个极度扩大了的精子；而且众所周知，事实上它一生中唯一的使命也是交配。然而，这么说或许有些荒唐，因为它的情况也不是那么独一无二。许多种植物都会通过减数分裂形成单倍体配子，即所谓的孢子，它们直接落入土壤中，像种子一样发育成和二倍体差不多大的单倍体植株。图5是一种在森林中常见的苔藓的世代交替示意图。下面长着叶片的部分是单倍体植物，叫作配子体。该部分顶端长有生殖器官和配子，以常规的方式相互受精可以产生一种二倍体植物，即裸露的茎，茎的顶端长有孢子囊。这个二倍体植物被称为孢子体，因为它通过减数分裂在顶端的孢子囊中产生孢子。孢子囊打开时，里面的孢子落入土壤后长出有叶片的茎并继续生长。这些活动的过程被十分恰当地称为世代交替。如果愿意，你也可以用同样的方式看待人和动物。只不过相应的"配子体"通常会是寿命很短的一代单细胞个体，即精子和卵细胞。我们的身体则对应着孢子体，"孢子"就是那些可以通过减数分裂产生的、"被保留着"的一代单细胞。

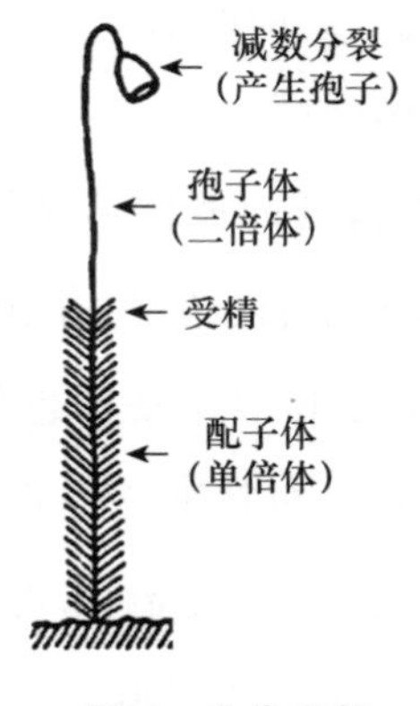

图5　世代交替

减数分裂的突出作用

个体的生殖过程中至关重要的、真正具有决定性的事件并不是受精，而是减数分裂。一组染色体来自父亲，另一组则来自母亲，无论是偶然的还是命定的因素都无法改变。每一个男人[①]的遗传都是一半来自母亲，一半来自父亲。到底是哪一边的遗传更占优势，则取决

① 每一个女人也完全如此。为避免冗长，在这里的概述中我并未谈及性别决定和伴性性状（如所谓的色盲），这些问题也非常有意思。

于其他一些原因,我们后面会提到。(当然,性别本身就是这种优势最简单的体现)

但是,如果你把自己的遗传追溯到祖父母辈时,情况又有所不同了。以我自己为例,让我们把目光聚焦于父方染色体组,集中在其中一条染色体上面,比方说5号染色体。我的5号染色体要么是由我父亲从他父亲那里得到的5号染色体精确复制而来,要么是由他从他母亲那里得到的5号染色体复制而来,概率是50∶50。最终答案则取决于我父亲体内在1886年11月进行的某次减数分裂,那颗决定我出生的精子也在数天后由此产生。该组染色体中的1号、2号、3号……24号也都是完全一样的情况。若加以适当变化,母方染色体组中的每一条染色体也同样适用。此外,所有的这48条染色体的分配都完全是相互独立的。即使已知5号染色体来自我的祖父约瑟夫·薛定谔,我的7号染色体仍然可能以相同的概率来自我的祖父或者我的祖母玛丽(博格纳氏)。

染色体交叉互换·性状的定位

若考虑到来自祖父母的遗传物质可以在后代中发生混合,那么纯粹的偶然性还不止于上面所描述的情形：此前我们一直默认或者明确说到,某条特定的染色体是一整个地从祖父或祖母那里继承而来,也就是单个染色体本身在传递过程中从未被分开。事实上并非如此,或者说并非总是如此。以父亲身体中的减数分裂为例,任何两条“同源”染色体,在减数分裂中被分开之前是彼此紧密接触的,其间有时会以图 6 所示的方式发生整段交换。通过这一被称为“交叉互换”的过程,原来分别位于同一条染色体不同位置的两种性状会在孙代中发生分离,出现在其中一种性状上跟随祖父,而在相应的另一种性状上却跟随祖母的状况。染色体交换的现象既不罕见也不常见,它为我们确定染色体上不同部位所决定的性状提供了极其珍贵的信息。要完全解释清楚这一点,我们将不得不使用下一章才会介绍的概念(比如杂合性、显性);不过这就会超出这本小书的范围,所以我还是直接介绍一下要点。

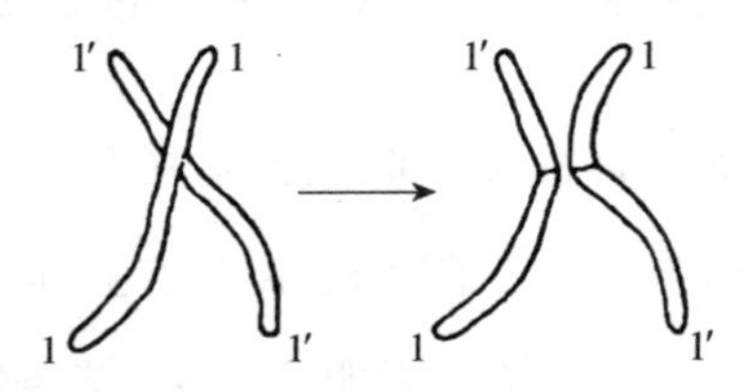

图 6　交叉互换

左：紧密接触的两条同源染色体

右：交换与分离之后

如果不出现交叉互换,同一染色体决定的某两个性状总是会一同被传递下去,没有任何一个后代会只得到其中一个而同时得不到另外一个;但位于不同染色体上的两个性状,要么会以 50%∶50%的概率被分离,要么总是被分离——后者是指当它们分别位于同一祖先的两条同源染色体上时,因为同源染色体永远不会同时传给子代。

染色体交叉互换影响了这些规律性与偶然性。因此,通过精心设计繁育试验和仔细记录子代中各种情况的百分比,就可以确定交叉互换的概率。进行数据分析时，我们接受了一个具有提示性的工作假设，即位于同一条染色体上的两个性状，其“连锁”被交换所打破的频率越小，就相隔得越近。因为隔得近的两个性状之间出现交换位点的概率比较小，而分布在两端的两个性状则总是会被交叉互换分离（这一说法也基本适用于位于同一祖先的同源染色体上的性状的重新组合）。如此，我们便可以从这种“连锁统计学”中得到每一条染色体内的某种“性状地图”。

这些设想已完全得到确证。在那些经过充分试验的物种中（主要是但并不限于果蝇），受检验的诸性状实际上以不同的染色体（果蝇有四条）被分在不同的组当中，组与组之间不存在连锁。在每一组内，都可以画出一张在数量上解释了任意两个性状之间连锁程度的线性关系图，所以，几乎没有疑问地，这些性状就如同染色体的棒状结构一样呈一条线排布在染色体上。

当然，目前勾勒出来的遗传机制仍然相当空泛和单调，甚至比较稚拙。因为我们尚未提到这里所说的性状到底是什么。生物体的“模式”本质上是一个统一体、一个“整体”，要把它分割成一个个孤立的“性状”似乎既不合适也无可能。我们在具体情境下说的实际上是,如果亲代双方在某一具体的方面有所不同(比如一方为蓝色眼睛,另一方为棕色眼睛),那么子代在这方面要么随这一方,要么随另一方。我们在染色体上定位的东西,就是这种差异的位置(用专业术语叫作“位点”,或者,如果考虑到它背后假想的物质结构,可以称为“基因”)。在我看来,性状的差异而非性状本身才真正是基础性的概念,尽管这个说法明显具有语意上和逻辑上的矛盾。接下来我们谈到变异的时候会看到,性状的差异实际上是不连续的,同时我也希望此前所描述的枯燥机制能够变得生动多彩起来。

单个基因的最大尺寸

刚才我们引进了“基因”这一术语,来表示承载了某种明确的遗传特性的假想性物质载体。现在有必要强调两个与我们的研究高度相关的要点。一是载体的尺寸,更贴切地说,是最大尺寸;换言之,我们能够将染色体上的位点追踪到多小的体积?二是根据遗传模式的持久性所推断出来的基因的持久稳定性。

关于基因的尺寸，有两种完全相互独立的估计方式。其中之一基于遗传学证据（繁育试验），另一种则基于细胞学证据（使用显微镜直接观察）。第一种方式在原理上非常简单。将某条特定染色体上诸多不同的（宏观）性状（就果蝇而言）按之前描述的方式在染色体上定位以后，我们只需用测量到的染色体长度除以这些特性的数目，再乘以染色体横截面的面积，就能得到所需的估计值了。当然，我们将那些仅仅由于染色体交叉互换而偶然被分离的性状算作不同的性状，这样它们便不可能源于相同的（微观的或分子的）结构。另一方面，我们的估计显然只能给出尺寸的上限，因为随着研究工作的进展，通过基因分析分离出来的性状数目会不断增加。

另一种估计方式，尽管是基于显微镜观察，实际上也远没有那么直接。由于某种原因，果蝇的某些特定细胞（即它的唾液腺细胞）被极大地增大了，它们的染色体也如此。在这些染色体上，你可以看到深色的、横贯整个纤丝的密集纹路。达灵顿[①]曾提出,比起繁育试验所得到的位于该染色体上的基因数目,这些横纹的数量(在他研究的案例中是2000)尽管大很多,却基本在同一个数量级。他倾向于认为这些横纹指示着实际的基因(或基因的间隔)。在正常大小的细胞中测得染色体的长度后,再除以横纹的数目(2000),他发现所得基因的体积相当于边长为300埃的立方体。考虑到这些估计值都不够精确,我们可以认为通过第一种方式得出的估计结果也是这个数值。

小数目

关于统计物理学与我此前回顾的诸多事实之间的关系——或许应该说,这些事实与将统计物理学应用于活细胞之间的关系,我会到后面再作讨论。现在我们先把注意力集中到如下事实上:300埃仅仅相当于液体中的100个、固体中的150个原子间距,所以,组成一个基

---

① 达灵顿(Cyril Dean Darlington,1903—1981),英国生物学家、遗传学家和优生学家,发现染色体交换现象及其机制。——译者注

因的原子数目自然不会超过一百万或几百万。但这个数目远不足以（根据规则）产生在物理统计学意义上有序的、有规律的行为。即便所有的这些原子像在气体或一滴液体中那样都起着相同的作用，这个数目也还是太小了。它很可能是一个很大的蛋白质分子，其中每一个原子、每一个自由基或每一个杂环都起着各自的作用，与任何其他相似的原子、自由基或杂环多多少少都有些不同。总之，这就是主流遗传学家如霍尔丹和达灵顿的观点，紧接着我们就要讨论非常有望证明这种观点的遗传学试验。

持久稳定性

现在我们来讨论第二个高度相关的问题：遗传特性到底具有多大程度的持久性，它们的载体又必须具备怎样的物质结构才能保证这种持久性呢？

其实不需要任何特别的研究，就可以给出答案。当我们使用“遗传特性”的说法时，就足以表明我们已然承认这种持久性几乎是绝对的。我们不要忘了，父母遗传给后代的不单单是某个单一特征,比如鹰钩鼻、短手指、易患风湿病、血友病、二色视等。它们当然可以方便地用于遗传学定律的研究。但是,历经数代而不会有很大变化、得以持续数个世纪(尽管不是成千上万年)之久的,由结合为受精卵的两个细胞核中的物质结构传承下来的,实际上是与"表现型"(即个体身上可见的、明显的特质)相应的整体(四维)模式。这真是个奇迹——它仅仅次于另外一个奇迹;不过,如果说另外一个奇迹与这个奇迹密切相关的话,它也是一个不同层面的奇迹。所谓另一个奇迹,指的是尽管我们的存在都完全基于这类奇迹般的相互作用,我们却有能力获得很多关于它的知识。对于第一个奇迹,我认为有可能近乎完全地理解它。而对于第二个奇迹,我们人类的理解力或许还无法企及。

第3章　突　　变

Mutations

这里应当提一提遗传学的早期历史。遗传学的理论支柱,即亲代的不同性状在连续数代中的遗传规律,尤其是显隐性性状的重要区分,都归功于如今早已世界闻名的奥古斯丁修道院院长孟德尔。

“跳跃式”突变——自然选择的作用基础

刚刚用来论证基因结构的持久稳定性而给出的许多一般性事实，对我们来说或许都太过熟悉而失去了新奇感或说服力。俗话说，无例外不成规则。此话用在这里确实没错。若所有的子代与亲代都无一例外地相似，我们不仅会错失所有那些详细揭示了遗传机制的精彩实验，而且还会失去自然界用自然选择和适者生存来造就物种的那些声势浩大、千回百转的实验。

下面请允许我用这最后一个重要的主题作为呈现相关事实的出发点——再次提醒并请读者谅解，我不是生物学家：

达尔文认为，即使在品系最纯的种群中也会发生微小而连续的偶然变异，它们就是自然选择作用的材料。如今我们已经确切地认识到这种观点是错误的。因为这些变异已被证明不会被遗传下来。这个事实十分重要，值得简要地说明一下。如果拿一捆纯种的大麦，一个麦穗一个麦穗地测量其麦芒的长度，并把结果绘制在统计直方图中,以麦芒的长度为横轴,以相应长度的麦穗的数量为纵轴,将会得到一个如图 7 所示的钟形曲线。

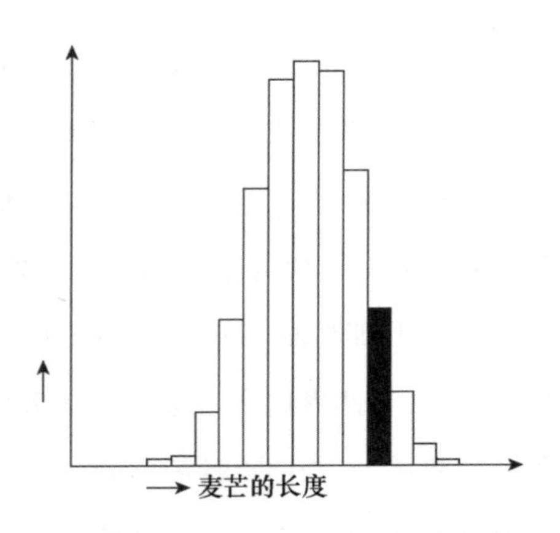

图 7　纯种大麦中麦芒长度的统计。涂黑的组别被选来播种(具体细节并不是根据实际试验得出,仅作说明之用)

换言之,我们会看到一个数量明显较多的中位长度,两侧均有一定频率的偏差。现在选取一组麦穗(图中涂黑的那组),该组的麦芒长度明显偏离平均值,但仍有足够的种子用于播种并长出新的作物。假如达尔文对新长出的大麦作同样的统计,那么他会预见到相应的曲线向右移动。也就是说,按照他的设想,由于自然选择的作用，麦芒的平均长度会增加。不过，如果是用真正纯种的大麦品系进行繁育，那么情况并不会如此。用选出来的长麦芒作物进行播种后，其后代的麦芒长度曲线和第一条曲线相同；假如选取的麦穗麦芒非常短，结果也会是一样的。自然选择在此不起作用——因为那些微小的连续变异并未被遗传。它们显然不是基于遗传物质的结构改变，而是偶然的。但是，大约 40 年前，荷兰的德·弗里斯[1]发现，即使是完全纯种繁育的牲畜，其后代中也会有数量很少的个体，比如说成千上万的后代中有两三个，会出现微小的却是“跳跃式”的变化。“跳跃式”这个词并不是说变化有多么大，而是说少数那几个发生变化的和未发生变化的个体之间没有中间形式，存在着不连续性。德·弗里斯称之为突变。问题的关键就在于这种不连续性。这让物理学家们想到了量子论——两个相邻的能级之间没有中间能量。他们可能会把德·弗里斯的突变理论比喻为生物学的量子论。

① 德·弗里斯(Hugo de Vries，1848—1935)，荷兰植物学家、遗传学家，提出“基因”“突变”等概念。——译者注

后面会看到,这远远不止是个比喻而已。实际上,突变就是由于基因分子中的量子跃迁造成的。但是,德·弗里斯于 1902 年首次发表他的发现时,量子论也不过才问世两年。[①] 因此,两者之间的密切联系经过一代人的时间才被发现,不足为怪。

突变个体后代有相同的性状,即突变被完全遗传下来了

就像原有的、未变化的特性一样,突变也能得到遗传。举例来说,前文提到的第一代的大麦作物中可能会出现一些麦穗,其麦芒长度极大地偏离了图 7 所示的变化范围,比如完全无芒。它们可能就代表了一种德·弗里斯突变,而且会繁育与自己相同的后代,也就是说它们的后代也都没有芒。

因此,突变无疑是遗传宝库发生的一种变化,有必要追溯到遗传物质的某种改变。实际上,那些已经向我们揭示了遗传机制的重要繁育试验,大部分都是按照预先

① 见 p. 122。量子论由普朗克于 1900 年提出。

制订好的计划,使突变(在许多情况下是多种突变)个体和未突变个体或有着不同突变的个体进行杂交,然后对其子代进行仔细分析。另一方面,由于突变也会出现在后代身上,因而是自然选择发挥作用的合适材料;像达尔文所描述的那样,自然选择会以淘汰不适者、保留适者的方式产生新的物种。对于达尔文的理论,只需用“突变”替换他所说的“微小的偶然变化”(正如在量子论中用“量子跃迁”替换“能量的连续转移”)即可,其他所有的方面无须作太多的修改——如果我正确地解读了大多数生物学家们所持的观点的话。①

突变位点·隐性与显性

我们现在必须回顾其他一些关于突变的基础性事实和概念。我还是采用稍显教条的方式,不再直接介绍它们是如何一个一个地从实验证据中得出来的。

① 基因突变明显倾向于有用或有利的方向,这是否有助于(如果不是代替)自然选择,已经得到了充分的讨论。我个人对此的看法并不重要,但是有必要指出之后的讨论都忽略了“定向突变”的可能性。另外,在这里我还无法谈及“开关”基因和“多基因”之间的相互作用,尽管它对自然选择和进化的实际机制十分重要。

可以预期,如果一条染色体的某一特定区域内发生了变化,就会带来一个能清楚观察到的突变。确实如此。但有必要指出,我们清楚地知道这只是一条染色体上发生的变化,其同源染色体相应的“位点”上并没有出现这种变化。图8简要地表明了这一点,图中的×指的

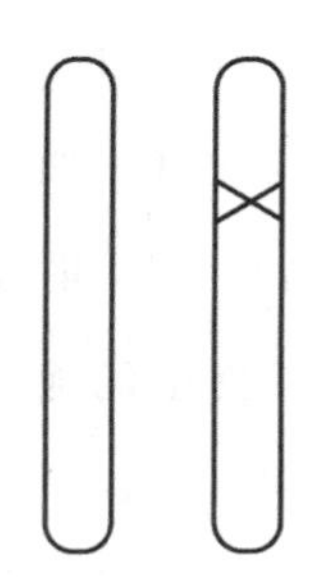

图8　杂合的突变体。

×表示突变的基因。

是突变位点。当突变个体(常常被称为“突变体”)与非突变个体杂交时,便可以揭示出只有一条染色体发生了变化这一事实。因为子代中恰好有一半表现出突变性状,而另一半则为正常性状。这正是我们预期的由突变体的同源染色体在减数分裂中分离带来的结果,如图9这一简洁的原理图所示。这就是一个“谱系”,(连续三

代以内的)每一个个体都简单地用一对同源染色体来表示。请注意,如果突变体的两条同源染色体都发生了变化,那么它所有的子代都会得到同样的(杂合的)遗传物质,与父本和母本都不一样。

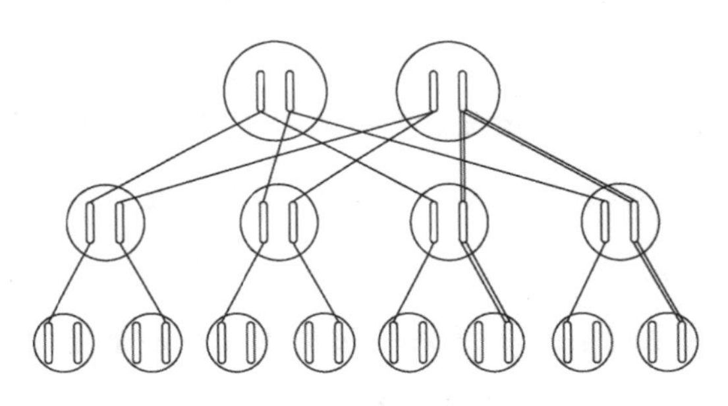

图 9　突变的遗传

图中交叉的直线表示某条染色体的转移,其中双线表示发生突变的染色体。第三代中所获得的未突变的染色体来自第二代中相应的配偶,未在图中标出。假定这些配偶没有亲缘关系,也无突变。

但是,这方面的实验做起来却没有像前面说起来的那么简单。由于第二个重要的事实,即突变常常是隐藏的,实验变得复杂起来了。这是什么意思呢?

在突变体中,那两份“密码本的副本”不再是一模一样的了;尽管仍是在同一个地方,但它们呈现出来的却是两个不同的“读本”或“版本”。我也许最好马上指出：把原来的版本看作是“正统”而把突变的版本看作是“异端”，完全是错误的看法，尽管它很有吸引力。原则上，我们必须平等地对待它们——因为正常的性状也是从突变而来。

通常，实际的情况是个体的模式要么表现为其中一个版本，要么表现为另一个版本；即要么是正常的，要么是突变的。表现出来的版本被称为显性的，另一个则为隐性的；也就是说，一个突变被称为显性还是隐性，取决于它能否立刻有效地改变子代的性状。

隐性突变比显性突变更为常见，而且非常重要，尽管刚开始它们完全不会表现出来。两条染色体上都出现突变时(见图 10)，它们才会影响到模式。当两个同样为隐性的突变体碰巧相互杂交，或者当某一突变体进行自交时，就能产生这样的个体；雌雄同株的植物有可能出现这种情况，甚至还是自发的。简单思考一下就能知道，这些情况下子代中有四分之一将会是这种类型，它们能明显地表现出突变的模式。

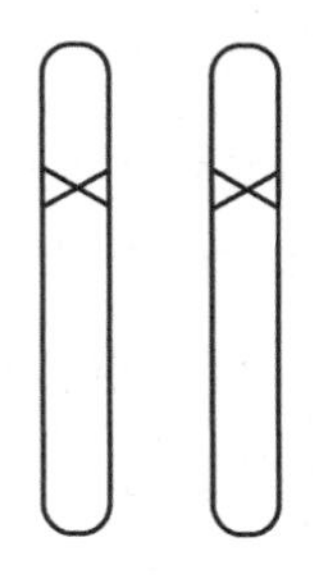

图 10　纯合突变体，单个杂合突变体进行自交或者两个杂合突变体进行杂交后可获得四分之一的后代为此类型。

介绍一些专业用语

现在让我来解释几个专业术语，这将有助于问题的澄清。前面提到的“密码本的版本”（无论是原始的还是突变的），相应的术语是“等位基因”。当两个版本不相同时，如图 8 所示，就相应的位点而言该个体是杂合的。当它们相同时，比如未突变的个体或图 10 中的情形，该个体就是纯合的。于是，隐性等位基因只有在纯合时才会影响性状，而显性的等位基因无论是纯合的还是杂合的都会产生同样的性状。

相对于无色(或白色)而言,有色通常为显性。因此,以豌豆为例,只有当它相应的两条染色体上均为"隐性的白色等位基因",即"纯合的白色"时,才会开出白花;它繁育的后代也和自己一样,都会开白花。但是只要有一个"红色等位基因"(另一个为白色,"杂合的"),开的花就会是红色;两个红色等位基因("纯合的"),开的花也是红色。后两者的差异只有在后代中才能看出来,杂合的红色会产生一些白色的后代,而纯合的红色总是产生红色的后代。

两个在外表上看起来完全相似的个体,可能有着不同的遗传物质。这一事实非常重要,应当做出严格区分。用遗传学家的话说,它们具有相同的表现型,但具有不同的基因型。于是,前面几段的内容可以用简洁而高度专业的表达来总结:

只有当基因型为纯合的时候,隐性等位基因才能影响表现型。

我们偶尔也会用到这些专业的表达,但必要时会再向读者说明其含义。

近亲繁殖的危害

只要是杂合的，隐性突变就不会受到自然选择的作用。即使它们是有害的(通常都是如此)，也不会被自然选择所淘汰，因为它不会表现出来。所以，许多不利的突变可能会积累，而且还不会立即对个体带来危害。但是，这些不利突变会遗传给一半的后代，所以这一现象对人类、牲畜、家禽和我们密切关注其身体健康的其他物种而言有重要的意义。图9所示的情形即一个雄性个体(具体一些，比方说我)杂合地携带了有害的隐性突变基因，但没有表现出来。假设我的妻子没有该突变基因，那么我们的孩子中(图中第二行)有一半人会携带该突变，他们依然是杂合的。如果这些孩子的配偶(为避免混淆，未在图中标出)也都不携带突变，那么我们的孙子孙女中平均会有四分之一的人以同样的方式受到影响。

这种危害一般不会明显地表现出来，除非两个同为携带者的个体相互交配。那么，稍作思考就知道，在它们子代中占比四分之一的一种纯合个体会表现出突变的危害。仅次于自体受精(只可能是雌雄同株植物)的、出现危害的风险最大的情形,是我的儿子和女儿通婚。他们两人受到潜在影响的概率均为二分之一,而这两个受到潜在影响的人近亲繁殖之后,他们的孩子中又会有四分之一表现出这种危害。所以,一个近亲繁殖所生的孩子陷入危险的概率是1/16。

按照同样的道理,就我孙辈中一出生就互为表亲的("纯正血种的")两人生育的孩子而言,陷入危险的概率为1/64。这些概率看起来并不是太大,实际上第二种情况通常是被接受的。但是不要忘了,我们分析的是祖代配偶(即"我和我的妻子")中仅有一方具有某一种潜在危险时带来的后果。实际上他们两个人很可能都带有不止一种这类潜在的缺陷。如果你明确地知道自己带有某种缺陷,那么就不得不猜想一下,在你的7个表亲当中就会有1个也同样会带有那个缺陷!动植物实验表明,除了相当罕见的严重缺陷之外,似乎还有许多微小的缺陷共同作用使得近亲繁殖的后代总体上发生衰退。既然我们已经不再使用古代斯巴达人在泰格托斯山采用的残酷方式来淘汰失败者，那么就不得不严肃地看待人类面临的这些情况：适者生存的自然选择不仅被极大地削弱了，甚至还朝着相反的方向进行。如果说更原始条件下的战争可能还具有使适应力最强的部落得以幸存下来的正面价值，现代大量屠杀各国健壮青年的逆选择效应，就连这一点积极意义也没有了。

一般性的和历史性的评述

隐性的等位基因在杂合时完全被显性基因压制，从而不会表现出任何可见的影响，这一事实令人惊奇。不过至少应该提一下，该现象也存在着例外。纯合的白色金鱼草和纯合的深红色金鱼草杂交产生的后代，第一代全部都是中间色，即粉色（而不是所预期的深红色）。还有一个更为重要的、体现了两个等位基因是如何同时作用来决定血型的例子，但在此处就不作过多的讨论了。如果最终发现隐性基因也能在“表现型”中呈现出不同程度的影响，只不过有赖于检测的灵敏度，我们也不必感到惊讶。

这里应当提一提遗传学的早期历史。遗传学的理论支柱,即亲代的不同性状在连续数代中的遗传规律,尤其是显隐性性状的重要区分,都归功于如今早已世界闻名的奥古斯丁修道院院长孟德尔(1822—1884)。孟德尔对突变和染色体并无了解。他在修道院的花园里进行了许多豌豆种植试验,栽种了不同的品种并使之杂交,然后观察其子1代、2代、3代等。可以说,孟德尔用于试验的就是自然界中业已形成的突变体。早在1866年,他就在"布隆自然研究者协会"的会报上发表了相关结果。当时似乎没有什么人对这位修道士的业余爱好有什么兴趣,显然人们也根本就不会想到他的发现到了20世纪竟然指引着一门全新的科学,这门科学在今天引起了我们极大的兴趣。他的文章被遗忘了,直到1900年才被科伦斯①(柏林)、德·弗里斯(阿姆斯特丹)和丘歇马克②(维也纳)三人在同一时期各自独立地重新发现。

---

① 科伦斯(Carl Erich Correns,1864—1933),德国植物学家、遗传学家。——译者注

② 丘歇马克(Erich von Tschermak,1871—1962),奥地利农学家。——译者注

突变作为一种稀有现象的必要性

目前我们主要关注了有害的突变，这种情况更为多见，但必须明确指出，也同样存在着有利的突变。如果自发突变是物种发展过程中一个小小的步骤，那么我们得到的印象是，物种以一种相当随意的方式在“试用”某些变化，而有的变化可能是有害的，它们会被自动淘汰。这就引出了非常重要的一点。突变只有作为一种稀有现象（实际上也的确如此），才能适合自然选择的作用方式。如果突变过于频繁，就很可能在同一个个体身上同时出现许多不同的突变，而那些有害的突变通常会压过有利的突变占据主导，那么整个物种非但不会得到改良，反而会停滞不前或者灭绝掉。或许可以从一个工厂的大型制造车间的运作方式中找到一个类比。为了改进生产方式，必须尝试各种创新，即使这些创新尚未得到确证。但是，为了确定这些创新到底是提高了产量还是降低了产量，有必要每次只引入一种创新并使得生产过程中的其他部分保持不变。

X 射线引起的突变

现在，我们必须回顾一系列非常巧妙的遗传学研究工作。我们会看到，这些工作与我们的分析密切相关。

用 X 射线或 γ 射线照射亲代后，后代中出现突变的比例(即所谓的突变率)比起正常的自然突变率来要高许多倍。这种方式引起的突变与自发产生的突变相比没有任何区别(除了数量上更多之外)，给人的印象是每一个“自然的”突变都可以用 X 射线做到。大规模人工饲养的果蝇中，会不断自发地出现许多突变，而且已经在染色体上被定位下来，像第 2 章后四部分所描述的那样有专门的命名。甚至还发现了一种所谓的“复等位基因”，即除了原来的、未突变的那个基因之外，染色体密码本的同一位置还有两个或更多不同的“版本”或“读本”；这意味着在这个特定的“位点”上不是只有两个选择，而是有三个或者更多，其中同时出现在两条同源染色体相应位点上的任意两个基因都具有“显性—隐性”关系。

关于X射线诱导突变的实验给人的印象是，每一个特定的“转变”，比如说从正常个体转变到特定的突变体，或者反过来，都有它自己的“X射线系数”。该系数指示着，子代出生之前用一定剂量的X射线照射亲代后，子代中以相应的特定方式发生突变的比例。

定律1：突变是单一事件

此外，支配诱发突变率的定律极其简单且极具启发性。这里我将参考季莫费耶夫[①]发表于《生物学评论》1934年第9卷上的报告。相当大一部分的内容都是作者自己精彩的原创。第一条定律是：

(1)突变的增加与射线的剂量呈严格的比例关系，因而确实可以认为(如我之前所说)存在着一个递增系数。

我们对简单的比例原则已习以为常，很容易低估上面这个简单定律的深远影响。为了理解这些影响，我们

① 季莫费耶夫(N. W. Timofeeff，1900—1981)，苏联生物学家，主要研究领域为放射遗传学、实验种群遗传学和微观进化。——译者注

也许会想起，譬如说，商品的总价并不总是和它的数量成比例。常见的情形是，商店老板记得你以前从他那里买过 6 个橘子，于是当你这一次打算买一整打(12 个)时，他给你的价格要比你上次买 6 个橘子的价钱的两倍低一些。不过，当货源不足时则可能相反。就我们讨论的例子而言，可以得出结论说，第一个半数辐射剂量即使能够使一千个后代中有一个发生变异，它对于剩下的个体也没有任何影响，既不让它们倾向于发生突变，也不会使它们免于突变。因为如果不是这样，第二个半数辐射剂量就不会正好再次引起千分之一的后代发生突变。因而，突变并不是由连续剂量的微小辐射相互强化所带来的积累效应。它必定是在照射期间发生在一条染色体上的单一事件。那么，是哪一种事件呢？

定律 2：该事件的局域化

第二条定律可以回答这个问题，即：

(2)如果在广泛的范围内改变射线的性质(波长)，从较柔和的 X 射线到较强烈的 γ 射线，那么只要所给的辐射剂量(以伦琴单位计)是相同的,也就是说,通过在亲代受到照射的位置选择适当的标准物质,然后测量其单位体积内在照射期间产生的离子总量所得到的剂量相同,递增系数就会保持恒定。

我们选择空气作为标准物质,不仅出于方便,也是因为构成有机体组织的元素与空气具有相同的平均原子质量。将空气中电离作用的次数乘以两者的密度比,就可以得到组织中发生的电离作用或伴随过程(激发)总数的下限[①]。那么很显然,造成突变的单个事件正是发生在生殖细胞中某一“临界”体积内的一次电离作用(或类似的过程),这已经被更严谨的研究证实。这一临界体积有多大呢?基于已观察到的突变率,可以进行如下的估计:如果每立方厘米 50000 个离子的剂量仅仅能够使任一配子以某种特定方式发生突变的概率为 1/1000,那么我们就可以推断出临界体积,即那个必须被一次电离作用“击中”才能发生突变的“靶”,仅为

① 之所以是下限,是因为还有一些其他的过程也可能有效地引起突变,但是不在对电离作用的检测范围之内。

1/50000 立方厘米的 1/1000,即 5000 万分之一立方厘米。这里的数字并不准确,只是用来演示一下而已。在实际估计中,我们的依据是德尔布吕克[①]与季莫费耶夫、齐默尔[②]共同发表的一篇论文[③],而这篇论文是我们在接下来两章中要阐述的理论的主要来源。他估计出来的体积只有边长为 10 个平均原子距离的立方体那么大,仅包含约 10^3 即 1000 个原子。对这一结果最简单的解读是,只要有一次电离作用(或激发)发生在距染色体某一特定位置"10 个原子的距离"以内,就很有可能发生一次突变。我们后面会更详细地讨论这一点。

季莫费耶夫的报告中包含着一个非常有现实意义的线索,尽管它和我们当前的研究没有什么关系,但是我还是应该提一下。现代生活中,人们在很多场合下不得不暴露于 X 射线中。人们熟知的直接危害包括灼伤、X 射线癌、不育等,可以采取的防护措施是使用铅屏障、

① 德尔布吕克(Max Delbrük,1906—1981),德裔美籍生物物理学家。——译者注

② 齐默尔(Karl Zimmer,1911—1988),德国物理学家、放射生物学家。——译者注

③ Nachr. a. d. Biologied. Ges. d. Wiss. Göttingen,1935(1):189.

穿戴铅围裙。那些需要经常和射线打交道的护士和医生们尤其需要做好防护。问题在于，即使个体可能受到的直接危害被成功地抵挡了，但间接的危害——发生于生殖细胞中、有着类似于我们刚刚提过的近亲繁殖的不良后果的、微小而有害的突变依然会存在。说得夸张些，也许还可能有点幼稚，堂表兄弟姐妹间通婚的危害可能会因为他们的祖母之前是一个长期和X射线打交道的护士而大大地增加。就个体而言，也许并不需要为此感到担忧。但是，那些人们所不希望发生的、能够逐渐影响全人类的潜在突变的可能性，却应当为社会所关注。

第 4 章　量子力学的证据

The Quantum-Mechanical Evidence

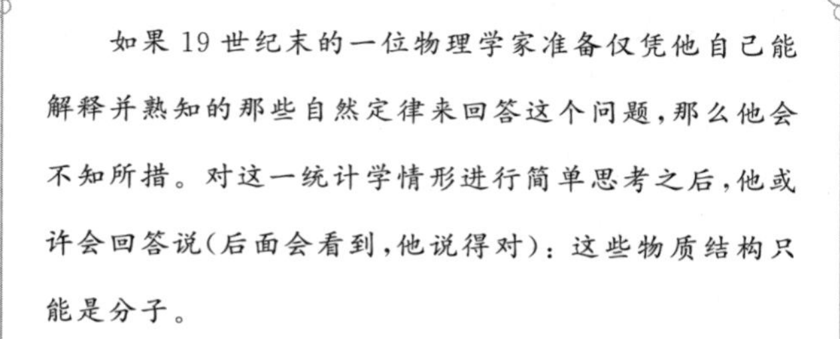

如果 19 世纪末的一位物理学家准备仅凭他自己能解释并熟知的那些自然定律来回答这个问题，那么他会不知所措。对这一统计学情形进行简单思考之后，他或许会回答说（后面会看到，他说得对）：这些物质结构只能是分子。

经典物理学无法解释的持久稳定性

借助X射线衍射这一极为精密的手段(物理学家都知道,30年前正是通过它揭示了晶体详细的原子晶格结构),生物学家和物理学家经过共同努力,最近已经成功地缩小了决定个体某项宏观特征的微观结构的尺寸——“单个基因的尺寸”——的上限,使之远远低于93—95页中的估计值。现在我们正严肃地面临着一个问题:基因的结构似乎只涉及相对来说数量很少的原子(数量级为1000,也可能更少),却以近乎奇迹的持久稳定性进行着极为规律的活动,那么从统计物理学的观点出发,应该如何调和这些事实呢?

不妨仍旧用轻松一点的方式来看看这个令人惊异的情形。哈布斯堡王朝的好几位王室成员都有一种奇特而难看的下唇(“哈布斯堡唇”)。在王室的资助下,维也纳皇家学院仔细研究了它的遗传情况,并连同相关的历史肖像一起发表。该特征被证明是一种与正常嘴唇形态对应的、由地道的孟德尔式“等位基因”决定的性状。如果集中考察其中一位生活在16世纪的家族成员及其生活于19世纪的后代的肖像,那么可以充分设想,决定这种畸形的物质基因结构在数个世纪中被一代一代地传了下来,并且在其间为数不多的细胞分裂中得到了忠实的复制。此外,相关基因结构所包含的原子数目很可能与X射线检测得到的原子数目处于同一个数量级。整个期间,该基因的温度一直保持在98华氏度[①]附近。然而数个世纪以来,它始终没有被热运动的无序趋势干扰,我们该如何理解这一点呢?

如果19世纪末的一位物理学家准备仅凭他自己能解释并熟知的那些自然定律来回答这个问题,那么他会不知所措。对这一统计学情形进行简单思考之后,他或许会回答说(后面会看到,他说得对):这些物质结构只能是分子。关于这些原子集合体的存在以及有时具有高度的稳定性,当时的化学界已经有了广泛的了解。但这种了解纯粹是经验性的。分子的本质尚不为人所知——使分子维持其形态的、原子间的强键作用,对当

① 约为36.7摄氏度。——编辑注

时所有的人来说都还完全是一个谜。实际上，前面的回答最终被证明是正确的。但是，如果只是将难以理解的生物稳定性追溯到同样难以理解的化学稳定性，那它的价值就很有限了。要证明这两个看起来相似的特点是基于同一个原理，除非我们知道这个原理本身，否则它的证据将始终难以站得住脚。

量子论可以解释

量子论为此提供了解释。就当前的认识而言，遗传机制不但和量子论密切相关，甚至可以说就是建立在其基础之上的。量子论由普朗克[①]于 1900 年提出。现代遗传学则可以追溯到德·弗里斯、科伦斯和丘歇马克（1900 年）对孟德尔论文的重新发现，以及德·弗里斯本人关于突变的论文（1901—1903）。这两个伟大的理论恰巧几乎是同一时间诞生的，也难怪两者都必须发展到一定的程度之后才能看出其中的关联。就量子论来说，

① 普朗克（Max Planck，1858—1947），德国物理学家，量子力学创始人之一。——译者注

直到 1926—1927 年,关于化学键的量子论基本原理才由海特勒[1]和伦敦[2]勾勒出来。海特勒-伦敦理论涉及量子论最新前沿(称为“量子力学”或“波动力学”)中的最为精致和复杂的概念。要介绍量子力学,不提微积分几乎是不可能的,或者说至少还需要另外一本这么长篇幅的小书才行。但幸运的是,已经有现成的工作可以帮助我们整理思考,现在似乎可以更为直接地指出“量子跃迁”和突变之间的联系,并立即挑出最显著的问题。这正是我们在这里试图做的。

量子论——不连续状态——量子跃迁

量子论的最大发现在于揭示出“自然之书”的不连续特征,而此前人们一直都认为,任何非连续的东西都是荒谬的。

第一个例子与能量有关。宏观物体的能量是连续

---

① 海特勒(Walter Heitler,1904—1981),德国物理学家,主要贡献为量子电动力学、量子场理论,开创了量子化学。——译者注

② 伦敦(Fritz London,1900—1954),德国物理学家,提出了关于化学键、分子间力的经典理论。——译者注

不断变化的，比如，单摆的摆动会由于空气的阻力而逐渐慢下来。说来也奇怪，事实证明，有必要承认原子尺度的系统确实有着不同的表现。我们必须假定，一个微观系统具有的仅仅是某种不连续的能量值，称为其特定的能级。至于假设的依据，无法在这里详细讨论。从一种能量状态转变为另一种能量状态是一个相当神秘的现象，通常被称为“量子跃迁”。

但是，能量并不是一个系统的唯一特征。还以单摆为例，不过这次设想它以不同的方式运动。比如，给从天花板上悬下的绳子系上一个重球，可以让它沿南北向或者东西向或者其他任何方向摆动，也可以以圆圈或椭圆的方式摆动。用一个风箱轻轻地对着球吹风，就能让它从一种运动状态连续地变化到另一种状态。

对于微观系统来说，诸如此类的特征大部分都是以不连续的方式变化的，具体细节就不讨论了。和能量一样，它们是“量子化的”。

结果是，若干原子核包括环绕它们的电子在相隔很近的时候会形成“一个系统”，由于它们自身的性质所限，这些原子核并不能随便采取任何我们想得到的构型。其自身的性质决定了它们只能从数量庞大但并不连续的一系列“状态”中进行选择。[①] 这些“状态”通常称为级或能级,因为能量是它们的特征中非常关键的部分。但必须明白,对其特征的完整描述包括了比能量要多得多的内容。将一个状态视作所有微粒的某种明确构型,实际上也没错。

由这些构型中的一种转变为另一种就是一次量子跃迁。如果后一种状态能量更大(“能级更高”),那么系统必须从外界获得不低于两种能级之差的能量,才有可能发生转变。向低能级的转变则可以是自发的,多余的能量会通过辐射而散发。

分子

对于给定的若干原子而言,其一系列不连续的状态中不必然但有可能存在着一个最低能级,它意味着原子

① 我在这里采用的是通俗的说法,对我们当前的讨论来讲足矣。但是我为了方便,一直无视它的错误之处,我为此感到愧疚。真实的情况要复杂得多,因为就系统所处的状态来说,它还包括很多偶然的不可确定性。

核彼此紧密靠拢。这种状态下的原子就形成了一个分子。这里要强调的一点是,分子必然会具有某种稳定性;它的构型不会改变,除非从外界获得了“提升”到相邻的更高能级所需的能量差。因而,这种能级差便在定量水平上决定了分子的稳定程度,它的数值是明确的。我们将会看到,这一事实和量子论的基础(即能级的不连续性)之间有多么密切的联系。

我想提醒读者,上述说法都已经经过了化学事实的彻底检验,而且被证明能够成功地解释化学价这一基本事实以及关于分子的诸多细节,比如它们的结构、结合能、在不同温度下的稳定性,等等。我说的就是海特勒-伦敦理论,不过之前我已说过,在这里无法对它加以详细考察。

其稳定性取决于温度

现在只需考察分子在不同温度下的稳定性,它与我们的生物学问题关系最密切。假定我们的原子系统一开始处在其最低的能量状态,用物理学家的话说,它就是绝对零度下的一个分子。为了使它升高到下一个状态或级,需要提供一定的能量。最简单的供能方式就是“加热”这个分子。将它置于一个温度更高的环境中(“热浴”),那么其他的系统(原子或分子)就会撞击它。由于热运动是完全无规则的,所以并不存在一个清晰的温度阈值能够确保分子迅速地产生“提升”。事实上,在任何温度下(绝对零度除外)都有可能发生提升,只不过有的概率大有的概率小而已。当然,随着热浴温度的升高,概率会增加。表征这种概率的最佳方式是指出提升发生前需要等待的平均时间,即“期望时间”。

根据波拉尼和维格纳[①]的一项研究,“期望时间”主要取决于两种能量之间的比值,其中一个是实现提升所需的能量差(用 W 来表示),另一个则刻画了该温度下热运动的强度(用 T 来表示绝对温度,用 kT 表示特征能量)。[②] 有理由推断,实现提升的概率越小,期望时间就会越长,得到的提升本身与平均热能相比就会越大,

① Zeitschrift für Physik, Chemie (A), Haber-Band (1928), p. 439.

② k 是一个数值已知的常量,称为玻尔兹曼常数;$3/2kT$ 是一个气体原子在温度 T 下的平均动能。

也就是说 $W:kT$ 会越大。让人感到不可思议的是，$W:kT$ 发生相对来说很小的变化时，会引起期望时间极大的改变。举一个例子（按德尔布吕克的说法）：当 W 为 kT 的 30 倍时，期望时间可能只有短短的 1/10 秒；当 W 为 kT 的 50 倍时，期望时间会延长至 16 个月；而当 W 为 kT 的 60 倍时，期望时间则长达 30000 年之久！

数学小插曲

如果读者感兴趣，我们也可以用数学语言来解释这种对能级变化或温度变化极为敏感的现象，并补充一些类似的物理学说明。该现象的原因在于，期望时间 t 是以指数函数的形式随着 W/kT 而变化的：

τ 是一个数量级为 10^{-13} 或 10^{-14} 秒的微小常量。上面这个特殊的指数函数并不是一个偶然的特征。它不断地出现在关于热的统计理论中，仿佛构成了其支柱。它衡量着系统中某一特定部分偶尔聚集起像 W 这么大能量的不可能性概率。当 W 是“平均能量”kT 的数倍时,这种不可能性概率就会极大地增加。

实际上,像 $W=30kT$(见前文引用的例子)的情况就已经极其少见了。不过这并不会导致极长的期待时间(在我们的例子中仅为 1/10 秒),因为因子 τ 很小。这个因子是有物理学意义的,它和系统中不断发生的振动的周期处于相同的数量级。大体而言,可以认为这个因子指的是积累起所需的 W 的机会。它尽管很小,却不断地出现在“每一次振动中”,也就是说每秒会出现 10^{13} 或 10^{14} 次。

第一项修正

将上述说法作为分子稳定性理论进行介绍之时,就已默认了我们称之为“提升”的量子跃迁即使不会导致分子完全解体,至少也会使同一组原子产生一个本质上不同的构型,形成化学家所说的同分异构分子,即由相同原子以不同的排列方式构成的一个分子(应用到生物学上,就表示相同“位点”上一个不同的“等位基因”,而量子跃迁就代表一次突变)。

如果要这样解读，我们的说法中有两点必须进行修正。为了便于理解，我有意地进行了简化。我之前的说法可能会让人以为，只有当那组原子处于其最低的能量状态时才会形成所谓的分子，而更高一级的能量状态，已然是一个“其他的东西”了。其实并非如此。实际上，最低的那个能级后面还有一系列密集的能级，它们仅仅对应着我们之前提到的那些微小的原子振动而已，并不会使分子构型发生任何可观的改变。它们也是“量子化的”，只不过能级之间的跨度相对较小。因而在较低温度的“环境热浴”中，微粒的碰撞就可能足以产生振动。如果分子是一种广延结构，你可以将这些振动看作是高频声波，它们穿过分子而不会造成任何损害。

所以，第一项修正其实并不大：我们必须舍弃掉能级体系中“振动性的精细结构”。所谓“下一个较高能级”的概念，应当理解为对应着相关的构型改变的下一个能级。

第二项修正

第二项修正解释起来要困难得多，因为它涉及由不同能级组成的体系中某些至关重要却又极为复杂的特征。该体系中任意两个能级之间的自由转变,除了所需的能量供应之外,还可能会受到其他阻碍;事实上,从高能级转换到低能级甚至都有可能受阻。

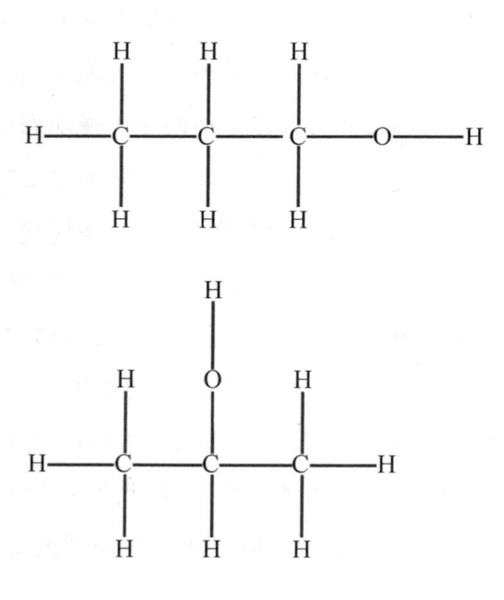

图 11　丙醇的两种同分异构体

我们先从经验事实开始谈起。化学家们已经知道,同样的一组原子能够以多种方式结合成一个分子。这些分子被称作是同分异构的(isomeric,“由相同的部分构成的”;希腊文:ἴσος=相同的,μέρος=部分)。同分异构现象并不是什么例外情形,而是正常的情况。分子越大,具有的同分异构体就越多。图 11 是最简单的情形之一,展示了丙醇的两种同分异构体,它们都由 3 个碳原子(C)、8 个氢原子(H)和 1 个氧原子(O)[①]构成。其中氧原子可以插入任何一个氢原子和与之相连的碳原子之间,但是只有图示的两种情况是不同的物质。实际上它们确实不同,两者所有的物理常数和化学常数都有显著的差异。它们具有的能量也不同,代表着“不同的能级”。

但值得关注的事实是,这两个分子都极其稳定,似乎都表现为“最低的能量状态”。两种状态之间也没有任何自发的转变。

原因在于,这两种构型并不相邻。从一种构型转变为另一种构型,必须经由中间构型,而后者的能量比前

---

① 演讲时展示了相关的分子模型,其中 C、H、O 原子分别用黑色、白色和红色的母球表示。这里我就没有画了,因为它们和实际分子的相似度比图 11 也不会好多少。

两者都要高。粗略地说,必须把氧原子从原来的位置剥离下来,然后把它插入到另一个位置。除了经由那些能量高得多的构型之外,似乎并没有其他方式能做到这一点。这种情形有时候可以用图 12 来形象地表示。图中 1 和 2 分别代表两个同分异构体,3 代表它们之间的"阈";两组箭头均代表"提升",分别表示从状态 1 转变到状态 2,或者从状态 2 转变到状态 1 所需要的能量供应。

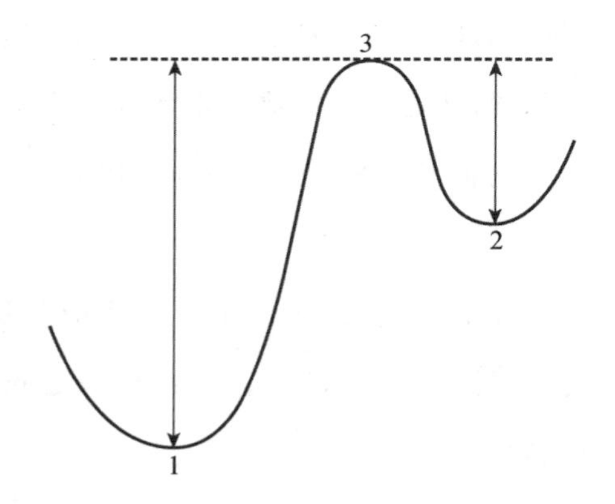

图 12　同分异构体能级 1 和 2 之间的能量阈 3

箭头代表发生转变所需的最低能量

现在我们可以提出"第二项修正"了,即我们在生物学应用中唯一感兴趣的就是这种"同分异构"的转变。

我们在第 125—126 页解释“稳定性”的时候，说的就是这样的转变。所谓的“量子跃迁”，指的是从一种相对稳定的分子构型转变为另一种相对稳定的分子构型。发生转变所需的能量供给（它的量用 W 表示）并不是实际的能级差，而是从初始状态到阈值的差异（见图 12 中的箭头）。

初态和终态之间没有任何阈值的转变一点意义都没有。这不单单是对我们的生物学应用而言。实际上它们对于分子的化学稳定性也毫无作用。为什么呢？因为它们不会产生持久的影响，难以引起人们的注意。分子发生这些转变后，几乎立刻又回到了初始状态，因为没有什么东西会阻碍它们的回归。

第5章 对德尔布吕克模型的讨论和检验

Delbrück's Model Discussed and Tested

由振动能的偶然波动引起分子的某一部分构型发生同分异构变化，实际上是一种极其罕见的现象，可以被解读为一次自发的突变。于是，我们便用量子力学的基本原理解释了关于突变的最为引人注目的事实，即突变是缺少中间形式的“跳跃式”变化，正是这一点最先使德·弗里斯注意到了突变。

遗传物质的总体图景

根据上述事实,可以非常简单地回答我们的问题:这些由相对来说很少的原子组成的结构,能长期经受住它时刻都在面对的热运动的干扰吗?我们假定,一个基因的结构就是一个巨大的分子,它只能进行不连续的变化,即原子重新排列成一个同分异构的[①]分子。原子的重新排列可能只会影响到基因的一个小区域,而且可能存在很多种不同的排列方式。相比于一个原子的平均热能来说,能量阈值必须足够高,才能使这些转变成为稀有事件,从而使分子保持现在的构型并与其同分异构体区分开来。我们会发现,这些稀有事件就是自发突变。

本章的后续部分将通过与遗传学事实进行详细比较的方式,把这一关于基因和突变的总体图景(主要归功于德国物理学家德尔布吕克)付诸检验。在此之前,我们还是先对该理论的基础和一般性质作一些说明为宜。

---

① 为方便起见,下面我将继续称之为同分异构的转变,尽管忽略它与环境之间发生交换的可能性显得很荒谬。

该图景的独特性

为了解答这个生物学上的问题,是否绝对有必要去刨根问底,并且用量子力学去描述它呢?我敢说,一段基因就是一个分子的猜想,在今天已经是老生常谈了。很少有生物学家会反对这一点,不管他们是否熟悉量子力学。我们在第120—121页不揣冒昧地以一位前量子物理学家的口吻,将它作为对已观察到的现象的唯一解释。后面有关同分异构现象、阈值能量的观点,$W:kT$这一比值在决定同分异构式转变概率中的重要作用等——所有这些看法都可以在纯粹经验的基础上得到很好的理解,一点也不需要引入量子论。那我为什么在明知这本小书没法讲清楚,而且还可能使许多读者感到无聊的情况下,还要如此强烈地坚持采用量子力学的观点呢?

量子力学是第一个从若干条第一原理出发,来解释自然界中实际出现的各类原子集合体的理论尝试。海特勒-伦敦键是该理论的一个独有的特征,它不是为了解释化学键而提出来的。相当有趣而又令人困惑地，它是出于自身的价值被提出来的，其背后的考量和我们的目的完全不同，但我们却必须接受它。它被证明与已观察到的化学事实精确吻合，而且像我所说的那样是一个独有的特征。对它的来龙去脉有了充分的了解后，就可以相当肯定地说，在量子论未来的发展中“这种奇怪的事情不可能再发生了”。

于是，我们有把握断言，除了将遗传物质解释为分子之外，再也没有其他的选择了。在物理学上，对它的持久稳定性进行其他解释的可能性已经被排除了。如果连德尔布吕克的设想都失败的话，那么我们便可以放弃进一步的努力了。这是我想说的第一点。

一些传统的错误观念

但是，可能仍然有人会问：除了分子之外，难道就真的没有其他的由原子构成的、持久稳定的结构了吗？比如一枚金币，被埋在墓穴中好几千年之后，不还是保留着印制在其上面的肖像图案么？金币的确是由数目庞大的原子构成,但在这个例子中,我们显然不会倾向于用大数目的统计学去解释这种纯粹是外形上的稳定。同样的说法也适用于那些嵌在岩石中的纯净晶体,它们必定经历了很多个地质时期却依然没有丝毫变化。

这就引出了我想详细说明的第二点。不论是分子、固体,还是晶体,其实都没有什么真正的不同。就目前的知识而言,它们本质上是一样的。不幸的是,学校教育一直在讲授某些传统的观点,它们早已过时多年,从而妨碍了人们对事物实际情况的认识。

的确,从学校里学到的关于分子的知识并没有告诉我们,比起液体或气体状态来,分子与固体状态要更加接近。相反,学校教导我们要仔细区分物理变化和化学变化:在像熔化或蒸发这样的物理变化中,分子并不会发生改变(比如乙醇,无论是固态、液态还是气态,都是由同样的分子即 C_2H_6O 组成),而化学变化则会,例如,乙醇燃烧时,1 个乙醇分子和 3 个氧气分子发生重新排列,形成 2 个二氧化碳分子和 3 个水分子。

$$C_2H_6O+3O_2=2CO_2+3H_2O$$

关于晶体,我们学到的是它们会形成三维的周期性晶格。有的晶格中仍能识别出单个分子的结构，比如乙醇和大多数有机化合物。其他的晶格则不能，例如岩盐(氯化钠，NaCl)的晶格中就无法界定出单个的氯化钠分子。因为每1个钠原子都规整地被6个氯原子包围，每1个氯原子也同样被6个钠原子包围，所以，到底将哪1对氯原子和钠原子视作1个分子(如果有这样的分子的话)，在很大程度上是随意的。

最后，我们还学到，固体可能是晶体，也可能不是晶体。后者我们说它是非晶态的。

物质的不同“态”

现在，我还不能进一步说所有的这些说法和区分都是十分错误的。就实际应用而言，它们有时候还是很有用的。但是，就物质的真实结构而言，我们必须采用完全不同的方式进行界定。最基本的区分在于下面这两个“等式”分别代表的类别：

分子＝固体＝晶态的

气体＝液体＝非晶态的

有必要简要地解释一下这些说法。所谓的非晶态固体,要么不是真正的非晶态,要么就不是真正的固体。在X光下,可以看到"非晶态"木炭纤维中的石墨晶体的基本结构。所以,木炭既是固体也是晶体。当在一种物质中找不到晶体结构的时候,我们就必须将其视为"黏度"(内摩擦)极高的液体。此类物质没有明确的熔化温度,也没有熔化潜热,所以并非真正的固体。它受热时会逐渐软化并最终成为液体,整个熔化过程没有不连续性。(我记得在第一次世界大战接近尾声时的维也纳,我们用一种类似沥青的东西作为咖啡的替代物。它非常坚硬,那小小的一块还必须用凿子或短柄小斧才能砸碎,裂边处很光滑,像贝壳。但是过了一段时间后,它就会表现出像液体,紧紧地黏附在容器的底部,所以最好不要把它放在瓶子里搁上好几天。)

我们都熟知气态和液态的连续性。用逼近所谓的临界点的方法,可使任何气体液化,而且没有不连续性。在这里就不深入讨论了。

真正重要的区分

于是，除了将单个分子也视为固体或晶体这一要点之外，我们刚刚已经对上述框架中的所有内容进行了论证。

这样做的道理在于，将分子中各个原子（不管是多还是少）联结在一起的力和那些组成真正的固体或晶体的大量原子之间的力，性质是完全相同的。分子能表现出和晶体一样的结构稳固性。应该还记得，我们此前正是用这种稳固性来解释基因的持久性的。

物质结构方面真正重要的区分在于，将原子联结在一起的究竟是不是那些“起稳固作用的”海特勒-伦敦力。固体和单个分子中的原子都是以这样的力结合的。由单原子组成的气体（比如汞蒸气）则不是。而在由分子构成的气体中，只有分子内部的原子才是这样联结的。

非周期性固体

微小的分子可以被称作“固体的胚芽”。以这样一个小小的固体胚芽为起点，似乎可通过两种不同的方式来建立越来越大的集合体。第一种方式是相对无聊地向三维方向不断重复同样的结构。生长中的晶体遵循的正是这种方式。一旦形成周期性之后，集合体的规模就没有什么明确的上限了。另一种方式是不用枯燥的重复来建立越来越大的集合体。越来越复杂的有机分子就是如此，其中的每一个原子、每一个原子团都起着各自的作用，和其他分子中相应的原子或原子团所起的作用并不完全一样（在周期性结构中则完全一样）。我们或许可以恰如其分地称之为非周期性晶体或固体，于是，我们的假设就可以表达为：我们认为一个基因——或许整个染色体结构①，就是一个非周期性固体。

① 虽然它高度多变，但这并不是反对的理由，因为细铜丝也是这样的。

压缩在微型密码中的丰富内容

常常有人问，像受精卵的细胞核这么一点点物质，怎么能如此详尽地包含关于一个有机体未来发育的密码信息呢？在我们的认识范围内，唯一一个能够提供各种可能的（“同分异构的”）组合方式，而且大小还足以在一个狭小的空间范围内包含一个复杂的“决定性”系统的物质结构，似乎只有非常有序的原子集合体，它的抵抗力足以持久地维持这种秩序。其实，这种结构无须太多原子就能产生数目几乎是无限的可能构型。比如，摩尔斯电码中的点和划这两类不同的符号，如果用不超过4个的符号进行有序组合，就可以产生30组不同的电码。若是在点和划之外再加上第三类符号，且每个组合中的符号不超过10个，将得到88572个不同的“字母”；若有五类符号，且每个组合中不超过25个符号，那么这个数目将会是372529029846191405。

也许有人会反驳说，这个比喻是有缺陷的，因为我们所说的摩尔斯电码可以有不同的组合（例如“·——”

和“··—”),因而将它们和同分异构体进行类比并不合适。为了弥补这个缺陷,我们从上述第三个例子中选出那些均由 25 个符号组成、所设想的五类符号中每一类均为 5 个(即 5 个点、5 个划等)的组合。粗略地算一算,你会发现这样的组合也起码有 62330000000000 种,为了省事后边用零代表的具体数字我就没有计算了。

当然在实际情况中,对一组原子来说并不是“每一种”组合方式都存在相应的分子;此外,这也并不是说密码本中的密码就可以随意使用,因为密码本自身就是引起发育的作用因子。但另一方面,前例中所选取的数字(25)仍然是一个非常小的数目,而且只设想了线性排列这种简单的情形。我们只想说明,借助基因的分子图景,下列情形不再是不可想象的了:微小的密码竟然可以精确地对应高度复杂和专门化的发育进程并含有使之得以实现的方式。

与事实进行比较:稳定程度;突变的不连续性

最后,我们来把理论图景与生物学事实进行一番比较。第一个问题显然是，它能否真正解释我们观察到的高度的持久稳定性？所需能量阈值高达分子平均热能 kT 的许多倍，这是否合理？是否处在普通化学的知识范围之内？这个问题比较好办，不用去查看相应的图表就能给出肯定的回答。能被化学家在给定温度下分离出来的任何物质的分子，在该温度下肯定至少有数分钟的寿命（这还是比较保守的说法；它们的寿命通常要比这长得多）。因此，化学家所处理的阈值，和为了实际去解释生物学家可能碰到的持久稳定性程度所需要的能量强度，必定恰好处于同一个数量级；回想一下第 128 页的内容就知道，阈值大约在 1∶2 的范围内变动时，对应的分子寿命为几分之一秒到数万年。

不过，我还是提供一些具体数字吧，后面也用得上。第 128 页的例子中提到的那些 $W/\mathrm{k}T$ 值有：

$$\frac{W}{\mathrm{k}T}=30,50,60$$

对应的寿命分别为：

1/10 秒，16 个月，30000 年

对应的室温下阈值分别为：

0.9 电子伏,1.5 电子伏,1.8 电子伏

我们要解释一下“电子伏”这个单位。它为物理学家提供了许多便利,因为它可以想象。例如,上面的第三个数字(1.8)意味着一个电子在接近 2 伏的电压下进行加速之后,就会获得足够的能量通过碰撞而引起跃迁(作为比较,一个常规便携手电筒所使用的电池的电压为 3 伏)。

上述思考使我们得以设想,由振动能的偶然波动引起分子的某一部分构型发生同分异构变化,实际上是一种极其罕见的现象,可以被解读为一次自发的突变。于是,我们便用量子力学的基本原理解释了关于突变的最为引人注目的事实,即突变是缺少中间形式的“跳跃式”变化,正是这一点最先使德·弗里斯注意到了突变。

经过自然选择的基因的稳定性

我们已经发现任何电离射线都能引起自然突变率的增加,有人可能会因此将自然界的突变归结为土壤和空气中的放射性活动和宇宙辐射。但是,与 X 射线诱发

的结果进行量化比较后会发现,“自然辐射”实在是太弱了,只能解释自然突变率中很小的一部分。

如果我们不得不用热运动的偶然波动来解释罕见的自然突变,就不必太惊讶于大自然已经成功地对阈值进行了微妙的调整,从而使突变恰好成为一种罕见的现象。因为我们在先前的讲述中已经得出结论,频繁的突变不利于进化。那些通过突变获得不够稳定的基因构型的个体,将几乎不可能见证他们那“极其激进”的、快速突变的后代能够长期存活。该物种将会抛弃这些个体,并通过自然选择积累稳定的基因。

突变体的稳定性有时较低

至于在繁育试验中出现的、被我们选定用来研究其后代的那些突变体,当然不能指望它们都会表现出很高的稳定性。它们可能由于突变率太高,还没有来得及经受“考验”就被抛弃了;或者虽然经受住了“考验”,但在自然繁殖中被“淘汰”了。无论如何,当我们得知这些突变体中的一部分实际上要比常规的“野生”基因表现出高得多的可突变性时,完全不必感到惊讶。

温度对不稳定基因的影响要小于对稳定基因的影响

这就使我们得以检验我们的可突变性公式:$t=\tau e^{W/kT}$(读者应该还记得,t 就是一个阈值能量为 W 的突变的期望时间)。我们会问:t 如何随温度而变化?从上面的公式中我们很容易得出,温度分别为 $T+10$ 和 T 时,两者 t 值之比的近似值:$\frac{{}^{t}T+10}{{}^{t}T}=e^{-10W/kT^2}$。

由于这里的指数为负数,整个比值自然比 1 小。随着温度的升高,期望时间会缩短,可突变性增加。于是,就可以用(也已经有人用)果蝇在其可以承受的温度范围内进行检验。初看之下,结果令人意外。野生型基因原本较低的可突变性明显增加了,而此前就已出现过某些突变的基因,其原本较高的可突变性却没有增加,或者说增加的程度远远低于前者。其实,这恰恰是我们比较这两个等式时所预期的结果。根据第一个等式,较大的 t 值(稳定的基因)要求 W/kT 值也比较大,而 W/kT 值增加又会使得第二个等式左边计算出的比值减小,也就是说可突变性会随温度升高而大幅上升（实际比值似乎介于1/2到1/5之间。其倒数2.5就是我们在普通化学反应中所说的范特霍夫因子）。

X射线如何诱发突变

现在来看看X射线诱发之下的突变率。我们之前就已经从繁育试验中得出：第一，（根据突变率与剂量之间的比例关系）突变是由某种单一事件引起的；第二，（根据定量结果，以及突变率取决于累积的电离密度而与波长无关这一事实）该单一事件必定是一种电离作用或类似的过程，它发生在边长仅约为10个原子距离的立方体的空间内，从而引发特定的突变。根据我们的理论图景，用于克服阈值的能量显然必定是由电离或激发这种爆炸式的过程引起的。之所以说爆炸式的，是因为我们已经清楚地知道一次电离所消耗的能量（顺便提一句，不是X射线本身，而是所产生的次级电子消耗的能量），相对分子热运动来说是极为巨大的30电子伏。它最终会转化为放电点周围极强的热运动，并且以“热波”

即原子的高频振动的形式传播出去。这一热波在 10 个原子距离的平均作用范围内(尽管一位不带偏见的物理学家所预期的范围会更小一些)仍然足以提供所需的 1 或 2 电子伏的阈值能量,这并非不可思议。很多情况下这种爆炸的效果不是有序的同分异构式转变,而是染色体损伤。当恰巧出现一些交叉互换,从而使未受损伤的染色体(第二组染色体中与之配对的那条染色体)被等位基因所在的已呈病态的另一条染色体替换时,这种损伤就是致命的——所有这一切都是完全可以设想的,也正是我们已经观察到的事实。

其效率并不取决于自发突变性

还有好几个其他的特点即使不能从以上描述中得到预测,也可以据此得到很好的理解。例如,平均来说,一个不稳定的突变体在 X 射线下的突变率并不会比稳定的突变体高很多。既然一次爆炸就可以提供 30 电子伏的能量,我们显然不会认为所需阈值能量大一点或小一点,比如 1 电子伏或 1.3 电子伏,会有什么区别。

可逆突变

有时候我们会对构型改变的两个方向都进行研究，比如从某个“野生”基因到一个特定的突变体，又从那个突变体回到该野生基因。这些情况下，两者的自然突变率有时几乎一样，有时却大为不同。初看起来人们很容易感到困惑，因为这两个方向需要克服的阈值似乎是相同的。其实不必困惑，因为必须从初始构型的能级开始算起，而野生基因和突变基因在这一点上可能不同。(见第 133 页的图 12，可以用“1”表示野生型等位基因，“2”表示突变型等位基因，后者较低的稳定性可以从它较短的箭头长度看出来。)

总体而言，我认为德尔布吕克的模型很好地经受住了检验，我们有充分的理由采用它展开进一步的思考。

第6章　有序、无序和熵

Order, Disorder and Entropy

从德尔布吕克关于遗传物质的一般图景中可以得出，生命物质不仅不排斥目前已确立的“物理定律”，很可能还涉及迄今未知的“其他物理定律”。不过，后者一旦被揭示出来，也会像前者一样成为这门学科不可或缺的一部分。

该模型中一个值得注意的一般性结论

让我们先回到第144—145页的一个说法。我在该处试图说明：基因的分子图景至少使我们有可能设想，微型密码精确对应着高度复杂和专门化的发育计划，并包含着使之得以实现的某种方式。那么，它又是如何做到这一点的呢？我们如何把“可以设想的东西”转化为真正的认识呢？

德尔布吕克的分子模型尽管完全具有普遍性，但似乎并未提示遗传物质是如何起作用的。事实上，我并不指望物理学能够在近期内为这个问题提供详细的信息。在生理学和遗传学指导下的生物化学在这个问题上正在，而且我确信还将继续取得进展。

像此前那样对遗传物质的结构进行一般性描述，已经无法提供关于遗传机理的更为详细的信息了。这是显而易见的。但奇怪的是，由此却可以得出一个一般性的结论。坦白地说，这正是我写作本书的唯一动机。

从德尔布吕克关于遗传物质的一般图景中可以得

出,生命物质不仅不排斥目前已确立的“物理定律”,很可能还涉及迄今未知的“其他物理定律”。不过,后者一旦被揭示出来,也会像前者一样成为这门学科不可或缺的一部分。

基于有序的有序

这是一个相当微妙的思路,可能会在许多方面引起误解。余下的所有篇幅都和澄清这一思路有关。从下列思考中可以获得一个粗糙但也不完全错误的初步认识:

第 1 章已经解释过,我们已知的物理定律都是统计学定律。[①] 它们和事物朝着无序发展的自然倾向有很大的关系。

但是,为了使遗传物质的高度持久性与其极小的尺寸相调和,我们不得不“发明一种分子”来避免无序的倾向。事实上,它必须是一个大得不同寻常的分子——它是高度分化的有序性的杰作,并由量子论的魔棒护卫

① 以完全的普遍性来讨论“物理学定律”或许很容易遭到挑战,这一点会在第 7 章中讨论。

着。关于概率的法则并没有因这一“发明”而失效，只是其结果被修正了。物理学家们很熟悉，许多经典的物理学定律都得到了量子论的修正，尤其是在低温情况下。这类例子有很多，生命似乎就是其中的一个尤为突出的例子。生命似乎是物质的有序而且有规律的行为，它不完全遵循从有序走向无序的倾向，而是同时部分地遵循着被维持下来的已有秩序。

对于而且仅对于物理学家来说，我希望如下表述能使我的观点更清楚一些：生命有机体似乎是一个宏观系统，它的行为部分地接近于纯粹的机械活动（与之相对的是热力学活动）——随着温度接近绝对零度，分子的无序性会消失，所有的系统都将倾向于这种机械活动。

非物理学家会觉得难以置信，他们视为精确性之典范的一般物理学定律竟然是基于物质向无序发展的统计学倾向。我已经在第1章中举出了相关的实例，涉及的普遍原理是著名的热力学第二定律（熵原理）及其同样著名的统计学基础。我会在第154—163页简要讲述熵原理在生命有机体的宏观行为中所起的作用——现在请暂时忘记一切已知的与染色体和遗传等有关的知识。

生命物质避免向热力学平衡衰退

生命的标志性特征是什么？什么情况下可以说一块物质是活的？答案是它会持续“做着某种事情”，不停地在移动，在和环境进行物质交换等，而且这些活动的持续时间比那些处于类似情境下的无生命物质要长得多。如果一个系统没有生命力，那么将其隔绝出来或者放在一个均匀的环境中时，其所有运动通常都会因各种摩擦力的作用而很快消停下来；电势差和化学势差会消失，倾向于形成化合物的物质也是如此；温度会由于热传导而变得均匀一致。之后，整个系统便会衰退为一堆死气沉沉的物质，进入一种持久不变的状态，观察不到任何事情发生。物理学家们称这种状态为热力学平衡或“最大熵”。

实际上，这种状态通常很快就会达到。但从理论上来说，它还不是绝对的平衡，不是真正的最大熵。趋向平衡的那个最终过程是十分缓慢的，可能需要几小时、几年或者数个世纪。举一个平衡过程还算是相对较快的例子：如果把满满一杯清水和满满一杯糖溶液同时放在一个密闭的恒温箱内，那么一开始会显得什么也没有发生，并给人一种已经完全达到平衡状态的印象。但是，大概过了一天后，会发现清水由于其蒸气压较大而慢慢地蒸发，并凝聚在糖溶液中，以致糖溶液会从杯子中溢出来。只有当清水全部蒸发之后，糖分才能均匀地分布于箱内所有的液态水中。

千万不要错误地以为这类最终缓慢地趋向平衡的过程就是生命，对它们的讨论可以到此为止了。之所以提它们，是免得让人觉得我不够准确。

它以获得"负熵"为生

正是通过避免快速地衰退到死寂的"平衡"状态，有机体才能显得如此高深莫测，以至于自人类最早的思想出现以来，便有人宣称存在某种特殊的非物理性或超自然的力量（vis viva，活力，"隐德莱希"）在操纵着有机体。如今，一些地方仍然流传着这类说法。

生命有机体是如何避免衰退的呢？回答显然是：通

过吃、喝、呼吸和(对植物而言)同化。专业术语叫作新陈代谢。相应的希腊词汇(μεταβάλλειν)的意思是变化或交换。交换什么呢?它原本所隐含的意思无疑是指物质的交换。(比如,新陈代谢相应的德语词汇为Stoffwechsel,直译是“物质交换”。)物质交换居然是最本质的事情,这很奇怪。同种元素的所有原子不都是一样的么,比如氮原子、氧原子和硫原子等,交换一下又有什么好处呢?过去相当长的一段时间里,我们被告知人类依靠摄入能量来生存,所以对这个问题早已失去好奇心。在某个非常先进的国家(我不记得是德国还是美国或者两者都是),餐馆的菜单上不仅有每一道菜的价格,还标明了其含有的能量。不必多说,这也一样是十分奇怪的。对于一个成年的有机体来说,能量含量和物质含量一样是固定不变的。因为任何一定量的卡路里和另外一定量的卡路里无疑是等值的,所以我们看不到纯粹的交换有什么意义。

那么,食物当中所含的、令我们免于死亡的那个珍贵的东西到底是什么呢?这很好回答。每一个过程、事件、发生着的事,随便怎么叫,总之就是在大自然中发生的一切，都意味着它所在的那部分世界的熵在增加。因而，一个生命有机体在不断地增加着它的熵——或者也可以说产生正熵——进而走向最大熵的危险状态，也就是死亡。它只能通过不断地从环境中获取负熵来避免这种状态并维持生存。我们马上就会看到，负熵其实是非常正面的东西。有机体赖以生存的东西就是负熵。或者换一种不那么矛盾的说法，新陈代谢在本质上就是有机体成功地去除所有因存活而不可避免地产生的熵。

什么是熵？

什么是熵？首先我要强调，它并不是什么含糊不清的概念或想法，而是一个可测量的物理量，就像一根棍子的长度、物体任意一点的温度、某种晶体的熔化热或某种物质的比热容那样。绝对零度下（约−273℃），任何物质的熵都是零。当你通过缓慢、可逆的微小步骤使物质转变为其他状态时（即便物质因此而改变其物理或化学性质，或者分化为两个或更多具有不同理化性质的部分），它的熵就会以一定的量增加。熵增量可以这样计算：先把每一个步骤所需的那一小份热量除以提供热量时的绝对温度，再把这些结果全部加起来。举个例子，当你熔化一种固体时，它的熵增就是其熔化热除以熔点温度。由此可见，熵的单位是卡/摄氏度(cal/℃，就像卡是热量的单位、厘米是长度的单位一样)。

熵的统计学意义

我刚才介绍熵这一术语的专业定义，只是为了褪去经常笼罩在它周围的模糊而神秘的色彩。这里对我们来说更为重要的是，熵与有序和无序这一统计学概念的关系，玻尔兹曼和吉布斯已经在统计物理学中揭示了这种关系。这同样是一种精确的定量关系，表达式为：

$$熵 = k \log D$$

公式里面的 k 就是所谓的玻尔兹曼常数($k = 3.2983 \times 10^{-24}$ cal/℃)，D 是有关物体的原子无序性的定量量度。要用简洁的非专业术语精确地解释 D 这个量几乎是不可能的。它所表示的无序性，部分是热运动的无序性，部分是随机混合而非截然分开的各类原子或分子的无序性，例如前文中的糖分子和水分子。玻尔兹曼的表达式可以由这个例子得到很好的说明。糖逐渐扩散到水占据的所有空间中，这样就增加了无序性 D，从而导致熵增(因为 D 的对数随着 D 的增加而增加)。同样非常清楚的是，提供任何热量都会增加热运动的混乱程度，也就是说，会增加 D，从而增加熵；看看晶体熔化的例子就会十分清楚：熔化会破坏晶体中原子或分子整齐、稳定的排列方式，使之变成不断改变的随机分布。

一个孤立的或者处于均匀环境中的系统会发生熵增(就目前的研究而言最好把这个环境作为我们考察的系统的一部分)，而且早晚会达到最大熵的惰性状态。我们现在认识到，这个基础的物理学定律就是，事物会自然地走向混乱状态，除非我们进行干预，使之远离这种状态(图书馆的书籍或者写字台上那一摞摞纸张和手稿也会表现出同样的倾向。在这个类比中，不规则热运动对应着我们时不时地随手乱放这些物品，懒得把它们放到合适的地方)。

从环境中汲取"有序"而得以维持的组织

生命有机体借由推迟衰退到热力学平衡状态(死亡)的奇妙能力,用统计学理论的术语怎么表示呢?我们此前说过"它靠负熵生存",它会向自身引入一连串的负熵,来抵偿由生命活动带来的熵增,从而使其自身维持在一个稳定而且相当低的熵值水平。

如果 D 度量的是无序性,它的倒数 $1/D$ 就可以用来直接度量有序性。由于 $1/D$ 的对数恰好是 D 的对数的负数,我们可以把玻尔兹曼方程写成这样:

$$-(\text{熵})=k\log(1/D)$$

于是,"负熵"这个糟糕的表达就可以用一个更好的说法代替:带负号的熵本身就是有序性的度量。从而,有机体用于使自身维持在一个相对高水平的有序状态(=相对低水平的熵)的策略,就在于不断地从环境中汲取"有序"。这样的结论就不会像它一开始提出来时那么矛盾,但可能会被批评为太通俗了。确实,我们对高等动物所赖以生存的那种有序性已经熟悉不过了,即被它们作为食物的、多少有些复杂的有机化合物中那种极其有序的物质状态。这些食物被动物利用完后，会以一种降解程度很高的形式排出——不过也不是完全降解的，因为植物还可以继续利用（当然，对植物来说，最主要的"负熵"来源还是阳光）。

第 6 章的注

关于负熵的说法受到了我的物理学家同事们的质疑和反对。首先我想说，要是只想迎合他们，我早就转而讨论自由能了。在这个语境下，它是一个更为人所熟知的概念。但是，这个非常专业的术语在语言学上似乎和能量太过接近，使一般的读者难以发觉两者的区别。读者很可能会把自由当作一个多多少少不太相关的修饰词。而实际上这个概念相当复杂微妙，比起熵和"带负号的熵"（顺便说一句，这个概念并不是我发明的），它与玻尔兹曼有序-无序原则的关系更难把握。碰巧它恰恰是玻尔兹曼在最初的论证中提出来的。

但是西蒙非常中肯地指出，我那些简单的热力学论证并不能解释,为什么我们必须以“多少有些复杂的有机化合物中极其有序的”物质为食,而不能以木炭或者金刚石浆为食。他说得没错。但是我必须向非专业的读者解释一下,一块未经燃烧的煤或金刚石,连同燃烧时所需的氧气,在物理学家看来也处于一种极其有序的状态。证据就是:如果你使它们发生反应,即燃烧煤块,就会产生大量的热量。通过将热量发散到周围环境中,系统便消除了因反应而带来的大量熵增,并且达到熵值实际上和以前差不多的状态。

然而,我们并不能以反应产生的二氧化碳为生。所以,西蒙非常正确地向我指出:事实上,我们的食物中所含的能量确实很重要;因而我对菜单上标出能量含量的嘲讽并不恰当。我们不仅需要能量来提供体力活动所需的机械能量,也需要它补充身体不断散发到环境中的热量。我们散发热量并不是偶然的,而是必要的。因为我们正是以这种方式清除在生命过程中不断产生的多余的熵。

这似乎意味着,体温较高的恒温动物具有使它的熵更快发散的优势,从而能够承受强度更大的生命活动。

我并不确定这个观点有多少道理(对此负责的是我本人,而非西蒙)。另一方面,人们可能会反驳说,许多恒温动物也用皮毛或者羽毛来保护自己免于热量的快速散失。所以,我所主张的体温与“生命强度”之间的对应,可能不得不用范特霍夫定律更为直接地去解释,正如我在第147页提到的:体温升高本身就会加速生命过程中的化学反应(用体温随环境变化而变化的物种进行的实验已经证明确实如此)。

第7章　生命是否基于物理定律？

Is Life Based on the Laws of Physics?

简言之，我们见证了现存秩序展现出的维持自身和进行有序活动的能力。这听起来似乎很有道理。但之所以如此，无疑是因为我们借鉴了关于社会组织和其他与有机体活动有关的经验。因而，这似乎有点像循环论证。

有机体中可能存在新定律

简而言之，我想在最后一章中阐明的就是，根据所有已知的关于生命物质之结构的知识，我们极有可能会发现它的运作方式无法被还原为普通的物理学定律。这并不在于是否存在某种“新的力”在支配着生命有机体中各个单原子的行为，而是因为它的结构与我们在物理学实验室中迄今为止使用过的所有实验材料都不同。打个粗略的比方，一个只熟悉热机的工程师在考察完电动机的构造之后，会发现自己并不了解它的工作原理。他会发现他所熟悉的用于制作水壶的铜，在这里成了绕成线圈的非常长的铜线；他熟悉的用作杠杆、栏杆以及汽缸的铁，在这里被用作填充铜线圈的内芯。他会确信，两种情形下的铁和铜都是一样的、都服从相同的自然定律（虽然也确实如此）。但构造上的不同足以让他预期一个完全不同的运作方式。他会不加怀疑地认为电动机肯定是由一个幽灵驱动的，因为没有锅炉和蒸汽的电动机居然可以在按下开关后转起来。

回顾生物学状况

有机体在生命周期中展开的事件呈现出了一种令人折服的规律性和有序性,这是任何我们业已见过的无生命物质都无法比拟的。我们发现它受到了极其有序的原子团的控制,而在每一个细胞中,这类原子团都只占原子总量很小的一部分。此外,根据业已形成的关于突变机制的认识可以得出,在生殖细胞内的“支配性原子”团中,只要少数几个原子发生错位,就足以导致有机体的宏观遗传性状发生明显的改变。

这些无疑是当今科学为我们揭示的最有趣的事实。我们最终可能会发现,它们并非完全无法接受。有机体有一种惊人的天赋:将“秩序之流”集中于自身,或者说从适宜的环境中“汲取有序性”,从而避免使它的原子衰退到混乱之中。此种天赋似乎和这种“非周期性固体”的存在有关。凭借着每一个原子和原子团各自发挥的作用,染色体分子无疑代表了我们已知的有序程度最高的原子集合体——其有序程度比平凡的周期性晶体要高得多。

简言之，我们见证了现存秩序展现出的维持自身和进行有序活动的能力。这听起来似乎很有道理。但之所以如此，无疑是因为我们借鉴了关于社会组织和其他与有机体活动有关的经验。因而，这似乎有点像循环论证。

综述物理学状况

无论如何，我要反复强调的一点是，对物理学家来说，目前的情况尽管不尽合理却又十分振奋人心，因为它是前所未有的。与通常的看法相反，那些遵循物理学定律的规则过程，并不是单一的有序的原子构型导致的结果——除非这种原子构型多次重复自身，要么像周期性晶体，要么像液体或气体那样有大量相同的分子。

甚至当化学家在离体地研究一个非常复杂的分子时，他面对的也总是很多相似的分子。化学定律是适用于这些分子的。例如，他可能告诉你，某一特定反应进行一分钟之后，会有一半的分子完成反应；再过一分钟后，总共会有四分之三的分子完成反应。但是，假定能够追踪任一特定分子的反应进程，化学家也不能预测某时刻它到底会不会起反应。这纯粹是一个偶然性的问题。

这并不是纯理论性的构想。不是说我们永远观察不到单个原子团的命运，或者再进一步，永远观察不到单个原子的命运。在某些场合下这也是可以做到的。但是只要我们这样做，就会发现它们完全都是无规则的，只有平均来看才会共同表现出规则性。我们在第1章中讨论了一个例子。悬浮在液体中的一颗微粒的布朗运动是完全无规则的。但是，如果有很多相似的微粒，它们就会从这种不规则的运动中表现出规则的扩散现象。

单个放射性原子的裂解是可观察的(它会发出放射物，在荧光屏上造成可见的闪烁)。但是就某一个放射性原子而言，它的可能寿命还不如一只健康的麻雀那么确定。事实上，关于放射性原子我们所知的也就是这样了：只要它还继续存活着(可能达数千年之久)，那么它在下一秒钟发生裂解的概率不论是大还是小，都是一样的。单个放射性原子的进程显然是缺少定数的，但正因为如此，大量的同一种放射性原子才表现出精确的衰变规律。

显著的对比

在生物学中，我们面对的是完全不同的状况。一个仅仅存在于一份密码副本中的原子团，就能够按照非常精细的定律产生许多有序的事件，它们彼此之间以及与环境之间都能神奇地协调一致。之所以说“仅仅存在于一份密码副本中”，是因为我们毕竟举过卵和单细胞有机体的例子。在高等有机体的后期发育阶段中，密码副本确实是增加了。但是增加到了什么程度呢？按我的理解，在成年哺乳动物中大约是 10^{14}。这是个什么概念？只是 1 立方英寸空气中分子总数的百万分之一而已。相对来说虽然也不少，但是聚集起来只能形成一滴很小的液体。再看看它们的实际分布，会发现每一个细胞中刚好只有一份密码副本（如果是二倍体，那就是两个密码副本）。既然我们已经知道这个小小的中央机关在单个细胞中的权力,那么,每个细胞难道不像是遍布全身、借助一套通用密码极其方便地相互沟通的地方政府工作站吗?

不过,如此绝妙的描述更像是出自一位诗人而非科学家之手。然而,无须诗意的想象,只需清晰冷静的科学考察就能认识到,我们在这里面对的显然是这样一些事件,它们规则而有序的展开是由一种完全不同于物理学“概率机制”的“机制”指导的。因为我们观察到的事实是:每一个细胞的指导原则都只来自一份(有时是两份)密码副本中的一个原子集合体,在它指导下展开的事件堪称是有序性的典范。一个非常小但极其有序的原子团能够以这种方式发挥作用,我们对此感到震惊也好、觉得非常合理也好,这种情形都是前所未见的,除了在生命物质中,在其他地方都还没有看到过。那些研究非生命物质的物理学家和化学家还从未见过必须要这么解读的现象。这种情况既然未曾出现,我们的理论也就不会涵盖它——不过,我们精妙的统计学理论仍值得骄傲,因为它使我们得以一窥幕后,从原子和分子的无序中看到精确物理定律的美妙秩序;它还揭示出,无须任何特设性假说就可以理解那最为重要、最普遍和最全面的熵增定律，因为熵不是别的，正是分子的无序性本身。

产生有序性的两种方式

生命在展开过程中表现出来的有序性有一个不同的来源。就有序事件而言，似乎有两种不同的产生“机制”：“统计学机制”产生的是“源于无序的有序”，而另一个新机制产生的则是“基于有序的有序”。对一个没有偏见的人来说，第二种原理看起来要简单、合理得多。这毫无疑问。正因为如此，物理学家们才如此自豪地钻研前一种原理，即“源于无序的有序”。自然界实际上也遵循着这条原理，单单借助这条原理就可以解释相当一部分自然事件，首先便是这些事件的不可逆性。但我们不能指望从它推演出来的“物理学定律”足以直接解释生命物质的行为，因为后者最为显著的特征在很大程度上显然是以“基于有序的有序”为基础的。不能指望两个完全不同的机制会产生同一类定律——正如不能指望你用自家的钥匙去打开邻居家的门一样。

因此,我们不必因为普通物理学定律难以解释生命而感到气馁。因为根据我们已有的关于生命物质结构的知识,这种困难乃预料之中的事。我们必须准备去发现一种在生命物质中占支配地位的新物理定律——或者,如果不叫超物理定律的话,是不是应该叫作非物理定律呢?

新定律并不违背物理学

所谓的新定律也是真正意义上的物理学定律:我认为,它不过是再次回归到了量子论的原理罢了。为解释这一点,我们必须用一些篇幅说一下先前提出的一个断言以及对它的一项改进(还说不上修正),那个断言是:所有的物理定律都是基于统计学的。

这个被反复提及的断言不可能不引发争议。因为确实有一些现象,其突出特征显然就是直接以“基于有序的有序”为基础的,看起来和统计学或分子的无序性没有任何关系。

太阳系的秩序及行星的运动已经维持了几乎是无限长的时间。此刻的星座和金字塔时代任一时刻的星座都是直接相关的；前者可以追溯到后者，反之亦然。人们发现，通过计算得出的在历史上应当出现的日月食和实际的历史记录十分接近，在某些情况下还被用来修正已被接受的年表。这些计算不涉及任何统计学，完全基于牛顿的万有引力定律。

一架质量不错的时钟或任何类似的机械装置的规则运动看起来和统计学也没有什么关系。简而言之，所有纯粹机械的活动似乎都显然直接遵循"基于有序的有序"原理。不过，当我们说"机械"的时候，必须从广义上去理解它。我们知道，有一种很有用的时钟就是基于发电站传输的有规律的电脉冲制造的。

我记起普朗克的一篇非常有趣的小文章，主题是"动力学类型和统计学类型的定律"。这种区分恰恰就是我们这里的"基于有序的有序"和"源于无序的有序"。那篇文章旨在表明统计学类型的定律是如何由动力学类型的定律构成的，前者控制的是宏观事件，而后者则被认为控制着微观事件，比如单个原子和分子之间的相互作用。行星或时钟的运动等宏观机械现象说明的是后一类型的定律。

于是,被我们郑重其事地当作理解生命的真正线索的“新”定律,即“基于有序的有序”定律,对物理学来说一点也不新。普朗克甚至还表现出要证明其优先权的态度。我们似乎得出了一个荒谬的结论:理解生命的线索在于,生命乃基于纯粹的机械论,就像普朗克文章中说的那种“时钟式运转”。在我看来,这个结论并不荒谬,而且也不完全是错误的,但必须“非常保留地”接受。

时钟的运动

让我们来准确地分析一下时钟的实际运动。它根本就不是纯粹机械的现象。纯粹机械的时钟并不需要发条,也不需要上紧发条。它一旦开始运动,就会一直运动下去。而实际的时钟如果没有发条,在其钟摆摆动几次之后就会停下来,因为它的机械能转变成了热能。这是一个无限复杂的原子过程。根据物理学家们对此现象的一般认识,将不得不承认逆向的过程并非完全不可能：一台没有发条的时钟有可能通过消耗自身齿轮及环境中的热能而忽然开始运动起来。物理学家们必定会解释说：这台时钟经历了一波极其强烈的布朗运动猝发。我们在第1章（第69—70页）中已经看到，对一个非常灵敏的扭称（静电计或电流计）来说，这种事情一直在发生。当然，这对一台时钟而言永远都不可能。

时钟的规则运动到底应当被归为动力学类型还是统计学类型（按普朗克的说法）取决于我们的态度。说它是一种动力学现象时，我们的关注点在于它的规则运转用一根比较松的发条就能驱动，热运动在此过程中带来的微小干扰得到克服，所以我们可以忽略不计。但是如果我们还记得，没有了发条，时钟便会由于摩擦力而逐渐地停下来，那么我们将发现，这个过程只能被理解为一种统计学现象。

摩擦力或热运动对时钟的影响在现实中无论多么微不足道，并未忽视它们的第二种态度无疑是更为基本的态度，即使我们面对的是由发条驱动的时钟的规则运动时也如此。绝不能认为这种动力机制能够真正去除该过程的统计学性质。在真实的物理学图景中，即便是一台规则运转的时钟也有可能凭借环境中的热量突然逆转原来的运动，时针向后走，松开自己的发条。不过，这种情况与一台没有驱动装置的时钟发生“布朗运动猝发”相比，“可能性还是要小一点的”。

钟表装置仍旧是统计学的

现在我们来做一些评论。我们所分析的“简单”情形事实上代表了很多其他情况，也就是所有那些看起来不符合无所不包的分子统计学原则的情况。用实际的(与“想象的”相对)物质制作的钟表装置，并不是真正的“钟表装置”。尽管偶然性的元素也许多多少少能得到消减，时钟突然整个地走错的可能性也微乎其微，但是它们始终存在于背景中。甚至在天体的运动中也存在着摩擦力和热的不可逆影响。因此，地球的旋转会由于潮汐的摩擦而逐渐减慢，月球也会随之逐渐远离它；但地球如果是一个完全刚性的旋转球体，就不会发生这种情况。

然而，“物理钟表装置”依然明显表现出“基于有序的有序”的特征——物理学家在有机体中发现这类特征时感到振奋不已。两者似乎很可能有一些共同之处。不过，到底是什么共同点，以及它们存在着怎样的显著差异使得有机体的情况如此新奇和前所未见，仍然有待认识。

能斯特定律

一个物理系统——任何一种原子集合体——在什么情况下会表现出“动力学定律”（普朗克的说法）或“钟表装置的特征”呢？量子论对此问题有一个非常简短的回答：绝对零度的时候。随着分子的温度达到绝对零度，其无序性便不再对任何物理过程产生影响。顺便说一句，这个事实不是从理论中发现的，而是通过在较大范围的不同温度下对化学反应进行仔细研究之后，将结果推演到绝对零度时得出来的，因为绝对零度在实际中是达不到的。这就是能斯特①著名的“热定理”，有时候

① 能斯特（Walther Nernst，1864—1941），德国化学家，提出热力学第三定律和能斯特方程。——译者注

也被不恰当地誉为“热力学第三定律”(第一定律为能量原理,第二定律为熵原理)。

量子论为能斯特的经验定律提供了理性基础,还使我们得以估算一个系统要在多大程度上接近绝对零度才会大致表现出“动力学的”行为。在任何一种具体的情形下,什么温度实际上和绝对零度相当呢?

切勿以为这肯定会是一个非常低的温度。即便在室温下,熵在许多化学反应中所起的作用也出人意料地微乎其微,能斯特的发现就是从这一事实中推导出来的(回顾一下,熵即无序性的对数,是对分子无序性的直接度量)。

摆钟实质上处于零度

那么摆钟的情况如何呢?对它来说,室温实际上就相当于绝对零度。这也是为什么它可以“动力学地”运转的原因。如果把它的温度降下来,那它就会一如既往地不断工作下去。(当然,前提是所有的润滑油都已经被去除了!)但是如果把它加热到高于室温,它就不会继续运转了,因为它最终会熔化。

钟表与有机体的关系

上面的分析似乎十分琐碎，但我认为它确实说到点子上了。钟表装置之所以能够“动力学地”运转，是因为它们是用固体制造的，以海特勒-伦敦力保持着形状，足以避免常温下热运动的无序倾向。

现在我觉得还需要多说几句，以指出钟表装置和有机体的相似之处。那就是后者同样依赖于一种固体——形成遗传物质的非周期性晶体，它基本上不受热运动无序性的影响。但是，请不要指责我把染色体纤丝当作“有机体机器的齿轮”——至少不能在撇开这一比喻的深刻的物理学理论基础的情况下来指责我。

其实，确实不需要那么多的修辞来回顾两者的根本差异，并说明为何能用“新奇”和“前所未有”这两个词来描述生物学的情形。

最显著的特征在于：首先，多细胞有机体中的齿轮分布十分奇特，我在第 169 页已对此作了有点诗意的描述；其次，这里面的每一个齿轮都不是人类的粗糙作品，而是按照上帝的量子力学路线完成的最为精致的杰作。

后记　决定论与自由意志

Epilogue: On Determinism and Free Will

我想向物理学家强调，和某些人所持的看法相反，我认为量子不确定性在这些事件中起不了任何生物学作用，也许除了给像减数分裂、自然突变和X射线诱导的突变这类事件增加一些纯粹的偶然性之外——这在任何情况下都是显而易见且得到公认的。

鉴于我已经认认真真、不辞辛劳地从纯科学的角度平心静气地详细阐述了我们的问题，作为对这种努力的回报，请允许我对这个问题的哲学意义补充一些个人看法——当然，都是主观的看法。

根据前文提出的证据，生物体内与其心灵活动、自我意识或其他活动相对应的时空事件，（考虑到它们复杂的结构和物理化学上已知的统计学解释）即使不是严格决定论的，至少在统计学上也是决定论的。我想向物理学家强调，和某些人所持的看法相反，我认为量子不确定性在这些事件中起不了任何生物学作用，也许除了给像减数分裂、自然突变和 X 射线诱导的突变这类事件增加一些纯粹的偶然性之外——这在任何情况下都是显而易见且得到公认的。

为了便于论证，我们先把它当作一个事实。我相信，如果没有那种人所共知的、对“宣称自己是纯粹的机械装置”的不悦感，任何一个不带偏见的生物学家都会这么看。因为它注定与通过直接内省所获得的自由意志相矛盾。

但直接经验本身，不管如何多样和不同，都不可能

在逻辑上自相矛盾。所以让我们来看看能否从下面两个前提出发,得出正确的、不自相矛盾的结论:

(i) 我的身体作为一个纯粹的机械装置,按照自然定律运行。

(ii) 但是,从无可辩驳的直接经验可以知道,我掌控着它的运动,并能预见运动的结果。这些结果可能是决定性的和极其重要的,在这种情况下我感到自己要为之承担全部的责任。

我认为,从这两条结论中得出的唯一可能的推论是,我——最广泛意义上的"我",即任何一个曾经说过"我"或感受过"我"的、具有意识的心灵——是一个按照自然定律来控制"原子的运动"的人,如果有这么一个"人"的话。

在一个文化圈(德语为 Kulturkreis)内,有些概念(在其他族群中它们曾经具有或者仍然具有更广阔的含义)的意义已被限定和专门化,因而用所要求的简单词句来表达这个结论是鲁莽的。用基督教的术语来说,就是"因此我就是全能的上帝",这话听起来既有失虔敬也显得愚蠢。不过,请暂时忽略这些含义,思考一下上面的推论是不是生物学家所能获得的、最接近一举证明上帝存在和灵魂不朽的论证。

这个见解本身并不新颖。据我所知，最早的记录可以追溯到大约 2500 年前或更久以前。早期伟大的《奥义书》中就已写道：阿特曼＝梵（ATHMAN＝BRAHMAN，即个体的自我等同于无处不在、无所不包的永恒自我），这种认识在印度文化中完全不是什么亵渎神灵，而是代表了对世间万事万物最深刻的洞见之精髓。所有的吠檀多派学者在学会了如何诵读这句话之后，都努力将这一最伟大的思想融入自己的心灵之中。

还有，许多世纪以来，神秘主义者们相互独立却又极其一致地（有点像理想气体中的微粒）描述了自己生活中的某种独特体验，概括成一句话就是“我已成神”（DEUS FACTUS SUM）。

对西方的意识形态来说，这种想法仍然很陌生，尽管叔本华及其他一些人也持这种看法，尽管真正的情侣彼此凝视时，就已然意识到他们的思想和喜悦在数量上就是——不只是相似或相同而已；但是，他们通常情感过于充盈而做不到沉下心来清晰地思考，在这方面他们确实很像是神秘主义者。

请允许我再作一些评论。意识从来就不是被多重地而是被单一地体验到的。即便在意识分裂或双重人格的病理情况下，两个“人”也是轮流登场，他们从不会同时出现。在梦里面，我们的确有可能同时扮演好几个角色，但并不是毫无差别地扮演：我们总是其中之一；在该角色中我们直接行动和言语，同时常常热切地等待着另一个人的回答或回应，却没有意识到事实上正是我们自己在控制着那个人的行为和语言，就像我们自己控制自己一样。

“多元性”的观念(《奥义书》的作者们尤其反对这一观念)到底是怎么产生的呢？意识认识到自身和一个有限区域内的物质即身体的物理状态有着密切的关联，并依赖于它(想想心灵在诸如青春、成年、衰老等身体发育时期的变化，或者想一想发烧、中毒、昏迷、大脑创伤等带来的影响)。既然存在着很多相似的身体，那么意识或心灵的多元化似乎也就是一个水到渠成的设想。或许所有简单朴实的人们以及绝大多数的西方哲学家们，都接受了这样的看法。

这几乎立刻就引出了灵魂的发明：有多少个身体就会有多少个灵魂。它也引出了灵魂到底是像身体一样会终有一死，还是会长生不死并可以独自存在的问题。前者枯燥无味，而后者则干脆忘记、忽略或者说否认了多重性假说所依赖的事实。人们还提出了比这糊涂得多的问题：动物也有灵魂吗？甚至还有人问：女性是不是有灵魂，或者是不是只有男性才有灵魂？

这样一些推论尽管只是试探性的，却必定会使我们怀疑所有正统的西方信条都共有的多重性假设。如果放弃这些信条中严重的迷信只保留其关于灵魂多重性的朴素想法，但又通过宣称灵魂也会消亡、会随着相应的身体湮灭而去"修正"它，难道不会使我们走向更大的谬误吗？

唯一可能的答案就是坚持我们的直接经验，即意识是单一的，其多重性并不可知；只存在一种东西，那些看起来有许多种的东西不过是那一种东西的一系列不同方面，是由幻象（梵文 MAJA）产生的；在一个有许多面镜子的回廊中也会有这样的幻象。同样的道理，高里三喀峰(Gaurisankar)和珠穆朗玛峰其实只是在不同的山谷中看到的同一座山峰而已。

当然,我们的头脑中有一些情节丰富的无稽之谈已经根深蒂固,妨碍我们去接受这一简单的看法。例如,据说我的窗户外面有一棵树,但其实我无法真正看见它。通过某一灵敏的装置,真正的树会将它自身的意象投射到我的意识之中,这就是我所感知到的东西。不过,对于这一装置我们还只是探索了它最初级的几个相对简单的步骤而已。如果你站在我旁边看着那棵同样的树,它也会将自身的一个意象投射到你的灵魂中。我看到的是我的树,你看到的是你的树(和我的极为相似),而那棵树本身是什么我们并不知道。这一夸张的说法是康德提出的。在那些认为意识只有单数的观点中,有一种说法很容易取代它,即只存在着一棵树,所谓意象什么的统统都是无稽之谈而已。

不过我们每一个人都无可争议地感受到,我们自己的经验和记忆的总和构成了一个与其他任何人都不一样的统一体。它被称为“我”。可是,这个“我”又是什么呢?

我想,如果你进一步分析就会发现,它只不过是比单个资料的集合(经验和记忆)略多一些而已,它就是一张用于聚集这些资料的画布。认真内省之后,你会发现,你所说的“我”真正指的其实是收集资料的基质。如果你来到一个遥远的国度,原来的朋友一个也见不到,慢慢地你会把他们全都忘了;你还会结识新的朋友,像和老朋友一样与他们亲密地分享生活。你在过着新生活的同时,仍然会想起原来的生活,但它已经越来越不重要了。“年轻时的那个我”,你可能会用第三人称说起他。确实,你正在阅读的小说中的主人公也许离你的内心更近,对你来说显然要比“年轻时的那个我”更为生动和熟悉。然而,现在的你和过去的你之间未曾有过中断,也没有死亡。即使一位催眠高手成功地把你对早期往事的所有记忆完全清除掉,你也不会觉得他已经杀死了你。在任何情况下都不会有个人存在的失去供我们凭吊。

将来也永远不会有。

关于后记的注

这里采用的观点与阿道司·赫胥黎[①]最近——而且极合时宜地——出版的《长青哲学》(*The Perennial Philosophy*, London,Chatto and Windus,1946)有异曲同工之处。他这本精彩的作品非常恰当地说明了这一事态,并解释了它为何如此难以把握而且容易招致反对。

---

① 阿道司·赫胥黎(Aldous Huxley,1894—1963),英格兰作家,属于著名的赫胥黎家族。祖父是生物学家、进化论支持者托马斯·赫胥黎(Thomas Huxley,1825—1895)。——译者注

下　　篇

学习资源

Learning Resources

扩展阅读

数字课程

思考题

阅读笔记

扩展阅读

书　名：薛定谔讲演录

作　者：[奥地利]薛定谔　著

译　者：范岱年　胡新和　译

出版社：北京大学出版社

目录

数字课程

请扫描“科学元典”微信公众号二维码,收听音频。

思考题

1. 在薛定谔看来,生命物质(如染色体)与非生命物质在结构上的根本差异是什么?

2. 根据经典物理学观点,有机体为何需要由数目巨大的原子构成,才能有序运作?薛定谔是如何反驳这一观点的?

3. 遗传物质具有哪两个特点?人们是通过怎样的实验和观察认识到的?

4. 为何统计物理学不能解释基因的持久稳定性?量子力学又是如何解释的呢?

5. 薛定谔是如何推导出“基因是由分子构成的”这一结论的？

6. 基因本身具有的原子数目并不多，为何能够包含非常丰富的遗传信息？

7. 什么是“负熵”？它对生命活动有何意义？

8. 所谓“源于无序的有序”和“基于有序的有序”分别指什么？你能各举一些例子吗？

9. 你如何看待钟表装置和有机体的异同？

10. 薛定谔综合了物理学、生物学、化学和哲学的视角来探讨“生命是什么”的论题，这种多学科的视角对你有何启发？

阅读笔记

科学元典丛书

已出书目

1	天体运行论	[波兰] 哥白尼
2	关于托勒密和哥白尼两大世界体系的对话	[意] 伽利略
3	心血运动论	[英] 威廉·哈维
4	薛定谔讲演录	[奥地利] 薛定谔
5	自然哲学之数学原理	[英] 牛顿
6	牛顿光学	[英] 牛顿
7	惠更斯光论（附《惠更斯评传》）	[荷兰] 惠更斯
8	怀疑的化学家	[英] 波义耳
9	化学哲学新体系	[英] 道尔顿
10	控制论	[美] 维纳
11	海陆的起源	[德] 魏格纳
12	物种起源（增订版）	[英] 达尔文
13	热的解析理论	[法] 傅立叶
14	化学基础论	[法] 拉瓦锡
15	笛卡儿几何	[法] 笛卡儿
16	狭义与广义相对论浅说	[美] 爱因斯坦
17	人类在自然界的位置（全译本）	[英] 赫胥黎
18	基因论	[美] 摩尔根
19	进化论与伦理学(全译本)(附《天演论》)	[英] 赫胥黎
20	从存在到演化	[比利时] 普里戈金
21	地质学原理	[英] 莱伊尔
22	人类的由来及性选择	[英] 达尔文
23	希尔伯特几何基础	[德] 希尔伯特
24	人类和动物的表情	[英] 达尔文
25	条件反射：动物高级神经活动	[俄] 巴甫洛夫
26	电磁通论	[英] 麦克斯韦
27	居里夫人文选	[法] 玛丽·居里
28	计算机与人脑	[美] 冯·诺伊曼
29	人有人的用处——控制论与社会	[美] 维纳
30	李比希文选	[德] 李比希
31	世界的和谐	[德] 开普勒
32	遗传学经典文选	[奥地利] 孟德尔 等
33	德布罗意文选	[法] 德布罗意
34	行为主义	[美] 华生
35	人类与动物心理学讲义	[德] 冯特
36	心理学原理	[美] 詹姆斯
37	大脑两半球机能讲义	[俄] 巴甫洛夫
38	相对论的意义：爱因斯坦在普林斯顿大学的演讲	[美] 爱因斯坦
39	关于两门新科学的对谈	[意] 伽利略
40	玻尔讲演录	[丹麦] 玻尔
41	动物和植物在家养下的变异	[英] 达尔文
42	攀援植物的运动和习性	[英] 达尔文

43 食虫植物 [英] 达尔文
44 宇宙发展史概论 [德] 康德
45 兰科植物的受精 [英] 达尔文
46 星云世界 [美] 哈勃
47 费米讲演录 [美] 费米
48 宇宙体系 [英] 牛顿
49 对称 [德] 外尔
50 植物的运动本领 [英] 达尔文
51 博弈论与经济行为（60周年纪念版） [美] 冯·诺伊曼 摩根斯坦
52 生命是什么（附《我的世界观》） [奥地利] 薛定谔
53 同种植物的不同花型 [英] 达尔文
54 生命的奇迹 [德] 海克尔
55 阿基米德经典著作集 [古希腊] 阿基米德
56 性心理学、性教育与性道德 [英] 霭理士
57 宇宙之谜 [德] 海克尔
58 植物界异花和自花受精的效果 [英] 达尔文
59 盖伦经典著作选 [古罗马] 盖伦
60 超穷数理论基础（茹尔丹 齐民友 注释） [德] 康托
61 宇宙（第一卷） [德] 亚历山大·洪堡
62 圆锥曲线论 [古希腊] 阿波罗尼奥斯
63 几何原本 [古希腊] 欧几里得
化学键的本质 [美] 鲍林

科学元典丛书（彩图珍藏版）

自然哲学之数学原理（彩图珍藏版） [英] 牛顿
物种起源（彩图珍藏版）（附《进化论的十大猜想》） [英] 达尔文
狭义与广义相对论浅说（彩图珍藏版） [美] 爱因斯坦
关于两门新科学的对话（彩图珍藏版） [意] 伽利略
海陆的起源（彩图珍藏版） [德] 魏格纳

科学元典丛书（学生版）

1 天体运行论（学生版） [波兰] 哥白尼
2 关于两门新科学的对话（学生版） [意] 伽利略
3 笛卡儿几何（学生版） [法] 笛卡儿
4 自然哲学之数学原理（学生版） [英] 牛顿
5 化学基础论（学生版） [法] 拉瓦锡
6 物种起源（学生版） [英] 达尔文
7 基因论（学生版） [美] 摩尔根
8 居里夫人文选（学生版） [法] 玛丽·居里
9 狭义与广义相对论浅说（学生版） [美] 爱因斯坦
10 海陆的起源（学生版） [德] 魏格纳
11 生命是什么（学生版） [奥地利] 薛定谔
12 化学键的本质（学生版） [美] 鲍林
13 计算机与人脑（学生版） [美] 冯·诺伊曼
14 从存在到演化（学生版） [比利时] 普里戈金
15 九章算术（学生版） （汉）张苍 耿寿昌
16 几何原本（学生版） [古希腊] 欧几里得